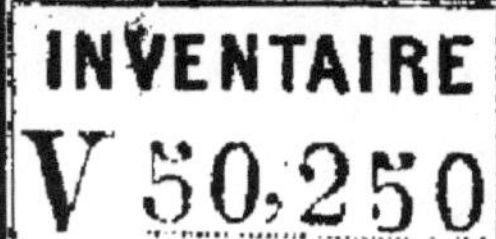

TE BIBLIOTHÈQUE
DES CLASSES PRIMAIRES

GÉOMÉTRIE

PAR

D. PUILLE (D'AMIENS)
AUTEUR CLASSIQUE
Professeur de Sciences Physiques
et de Mathématiques, à Paris
Lauréat en 1850 et 1852, de la Société pour l'Enseignemt élémentaire
Siégeant à Paris.

Méthode, simplicité et clarté

SECONDE ÉDITION.

A AMIENS,
Chez LAMBERT-CARON, imprimeur-libraire, Éditeur,
PLACE DU GRAND-MARCHÉ
Et à PARIS,
L. HACHETTE et Cie, Libraires,
boulevart St-Germain, 77.

PETITE BIBLIOTHÈQUE

des

CLASSES PRIMAIRES.

GÉOMÉTRIE.

Amiens, Typ. Lambert-Caron.

PETITE BIBLIOTHÈQUE
DES CLASSES PRIMAIRES.

GÉOMÉTRIE

PAR

D. PUILLE (d'Amiens),

AUTEUR CLASSIQUE,

Professeur de Sciences physiques et de Mathématiques à Paris;

Lauréat en 1850 et en 1852

de la Société pour l'Enseignement élémentaire

SIÉGEANT A PARIS.

Méthode, simplicité et clarté.

SECONDE ÉDITION.

A AMIENS,

Chez LAMBERT-CARON, imprimeur-libraire, Éditeur,

PLACE DU GRAND-MARCHÉ

Et à PARIS,

Chez L. HACHETTE et Cie, Libraire,

boulevart St-Germain, 77.

OUVRAGES DU MÊME AUTEUR.

En vente :

Algèbre.

Solutions des Problèmes d'Algèbre.

Arpentage, avec planches intercalées.

Physique, *idem.*

Chimie, *idem.*

Zoologie, *idem.*

AVERTISSEMENT.

Le petit ouvrage de **GÉOMÉTRIE** que nous offrons aux élèves des *Classes primaires élémentaires*, contient tout ce qu'il est nécessaire de posséder pour effectuer au besoin les opérations géométriques les plus usuelles : c'est donc, pour l'élève, la préparation la plus convenable à une étude sérieuse, s'il veut un jour tirer, de ses connaissances, un meilleur parti.

Dans nos LEÇONS NORMALES DE GÉOMÉTRIE, que nous présentons aux Maîtres, nous consignons tout ce que nous avons omis à dessein dans ces *éléments:* c'est assez dire que *toutes les importantes applications*, les *belles et intéressantes théories de la Science* sont convenablement développées dans ces **LEÇONS**, et que l'ouvrage peut être un *guide precieux* dans les matières données en rédaction aux élèves les plus avancés pour les consigner avec ordre sur des cahiers spéciaux qu'ils consulteront dans certaines circonstances.

L'ouvrage est divisé en *trois parties :*

La PREMIÈRE PARTIE comprend les *notions* et les *définitions* relatives aux **lignes**, ainsi que les procédés pour les diviser en parties égales. Cette partie est terminée par l'énoncé des principaux théorèmes relatifs aux *lignes*.

La SECONDE PARTIE traite des **angles** et des **surfaces** : elle développe les procédés pour mesurer les superficies quelconques, régulières ou irrégulières. Cette partie se termine par l'énoncé des principaux théorèmes relatifs aux *angles* et aux *surfaces*.

La TROISIÈME PARTIE contient les *définitions* des **corps géométriques** ; elle développe les principes relatifs à la mesure de leur *surface* et leur *volume*, et elle est terminée par l'énoncé de des principaux théorèmes sur les *corps*.

Enfin, un *Questionnaire général* sur tous les chapitres que nous avons développés et un *Supplément* sur diverses questions intéressantes, complètent l'ouvrage.

Puisse notre petite GEOMÉTRIE être accueillie avec autant de faveur que notre ALGÈBRE ; et peut-être, cette fois encore, n'aurons-nous pas moins bien travaillé que la première dans l'intérêt des Élèves.

D. PUILLE (d'Amiens).

GÉOMÉTRIE.

PREMIÈRE PARTIE.

DES LIGNES.

CHAPITRE PREMIER.

DÉFINITIONS PRÉLIMINAIRES.

1. La GÉOMÉTRIE est la partie des *Mathématiques pures* qui a pour objet la mesure et les propriétés de l'étendue. Le mot *Géométrie* signifie *mesure de la terre.*

2. On appelle *étendue*, en général, ce qui réunit les trois dimensions, *longueur*, *largeur* et *épaisseur* : cette dernière dimension se nomme quelquefois *profondeur.*

3. Lorsque l'étendue n'a qu'une dimension, la *longueur*, on lui donne le nom de LIGNE. L'étendue qui a deux dimensions se nomme SURFACE; enfin, l'étendue qui a trois dimensions se nomme CORPS OU SOLIDE.

4. On nomme *ligne* un trait qui indique le passage d'un point à un autre; il n'a ni largeur, ni épaisseur. Les extrémités d'une ligne se nomment *points;* ces derniers n'ont pas d'étendue.

Observation. — Pour désigner une ligne, on place une lettre à chacune de ses extrémités: ainsi l'on dit la ligne **AB** pour indiquer une ligne située de **A** en **B**.

Cependant, lorsqu'une *ligne droite* représente une simple longueur, on ne fait usage que d'une seule lettre, comme nous le verrons plus loin: ainsi l'on dit la ligne **M**, la ligne **O**, etc.

Quant aux lignes courbes, on les désigne par trois lettres: ainsi l'on dit: la ligne **A B C**, la ligne ***m n r***, etc.

Remarque. — D'un point à un autre, il ne peut y avoir qu'une *ligne droite*; mais on peut tracer une infinité de *lignes courbes* entre deux points donnés (1).

5. On distingue trois sortes de lignes: la *ligne droite*, la *ligne courbe* et la *ligne brisée*.

6. La *ligne droite* est celle dont tous les points sont dans la même direction; elle indique le

---

(1) Dans ces Éléments de *Géométrie*, nous ne pouvons point donner la démonstration des théorèmes fondamentaux; notre but étant simplement de donner une idée de la science pour préparer à une étude plus sérieuse, nous renvoyons nos lecteurs à nos Leçons normales de Géométrie (théorique et appliquée).

plus court chemin pour aller d'un point à un autre. Telle est AB (Fig. 1).

7. La *ligne courbe* est le contraire de la *ligne droite*; elle n'est ni droite, ni composée de lignes droites, et tous les points qui la forment ne sont pas dans la même direction; c'est-à-dire que la direction de la ligne change d'un point à un autre par degrés insensibles. Telle est la ligne CD.

Fig. 1.

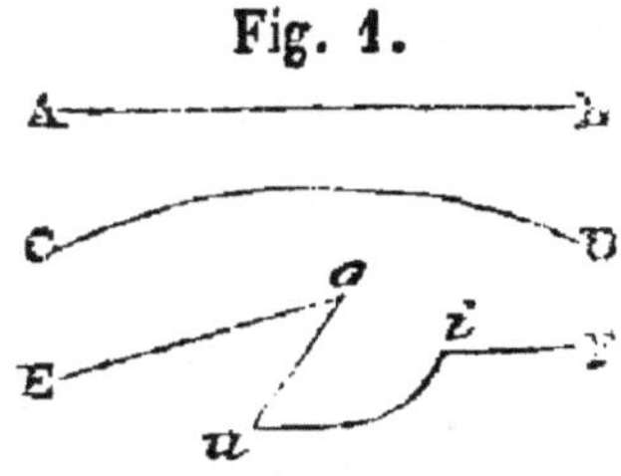

8. On appelle *ligne brisée* toute ligne composée de plusieurs autres lignes qui se coupent est une deux à deux.

Une *ligne brisée* est *rectiligne* lorsqu'elle ne contient que des lignes droites; elle est *curviligne* lorsqu'elle est formée exclusivement de lignes courbes; enfin, une *ligne brisée* est *mixtiligne* lorsqu'elle contient à la fois des *lignes droites* et des *lignes courbes*. La ligne E*oui*F (Fig. 1) est une *ligne brisée*.

9. On distingue encore trois sortes de lignes droites relativement à la position que ces lignes peuvent avoir dans l'espace : 1°. la *ligne horizontale* CD (Fig. 2); cette ligne suit la direction de la surface des eaux tran-

Fig. 2.

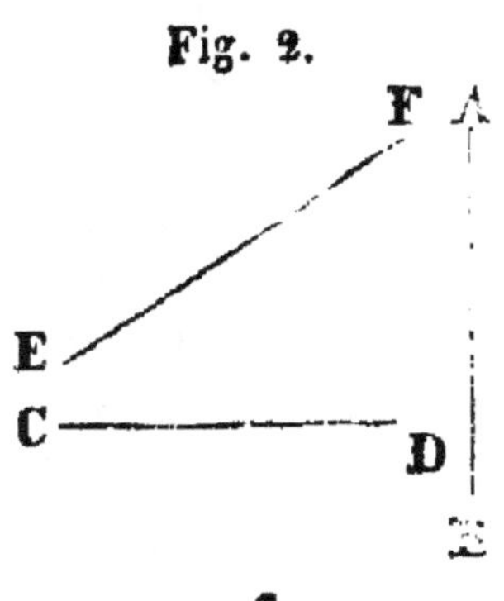

quilles, ou de l'horizon sensible; 2°. la *ligne verticale* AB, déterminée par la direction que prend un corps dans l'espace lorsqu'on l'abandonne à lui-même; 3°. la *ligne oblique* E F qui s'écarte de la direction *horizontale* et de la direction *verticale.*

10. On appelle *ligne perpendiculaire* toute ligne droite A B (Fig. 3) qui, en tombant sur une autre ligne C D, ne penche ni à droite ni à gauche de cette autre.

Fig. 3.

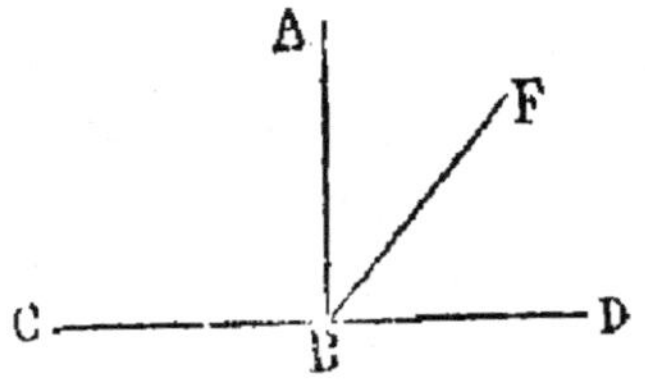

Remarque.—La *ligne verticale* est essentiellement perpendiculaire sur la ligne horizontale, et réciproquement. Quant à la ligne oblique, elle ne peut être *perpendiculaire* que sur une autre ligne oblique.

11. Deux ou un plus grand nombre de lignes (*soit droites, soit courbes*) sont dites *parallèles* entre elles, lorsque étant situées sur un même plan (1) et dirigées dans le même sens, elles conservent le même écartement dans toute leur longueur, étant prolongées à l'infini.

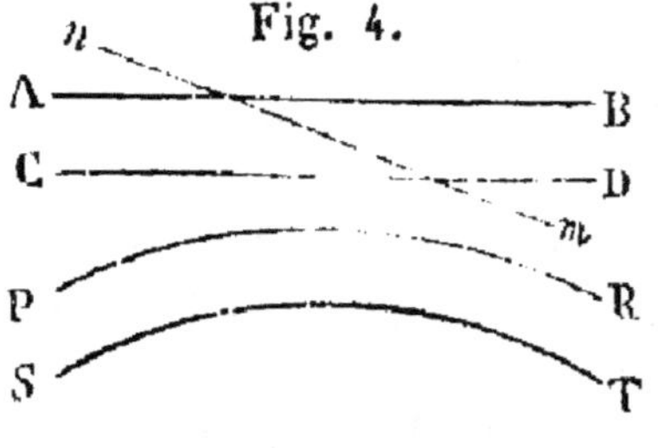

Fig. 4.

(1) Voir le mot *Plan*, deuxième partie.

Ainsi, AB et CD ou PR et ST (Fig. 4) sont des lignes parallèles deux à deux.

La distance de deux parallèles est mesurée par la perpendiculaire commune à l'une ou à l'autre de ces lignes.

12. On nomme *sécante* une ligne droite *n m* (Fig. 4) qui en coupe deux ou plusieurs autres. Nous parlerons plus loin de cette espèce de ligne et des angles qu'elle forme en coupant deux lignes parallèles.

13. Une ligne droite est *déterminée* lorsque l'on connaît deux points de sa direction ; elle est *indéterminée* lorsque l'on ne connaît qu'un de ces points.

14. On appelle *circonférence de cercle* une ligne courbe fermée, A S B U D A (Fig. 5), dont tous les points sont également distants d'un point intérieur O nommé *centre.* Toute ligne droite UB qui passe par le centre O, et qui aboutit à deux points de la circonférence par ses deux extrémités, se nomme *diamètre ;* la moitié O A ou O B d'un diamètre se nomme *rayon;* cette ligne droite part du centre et aboutit à la circonférence.

Fig. 5.

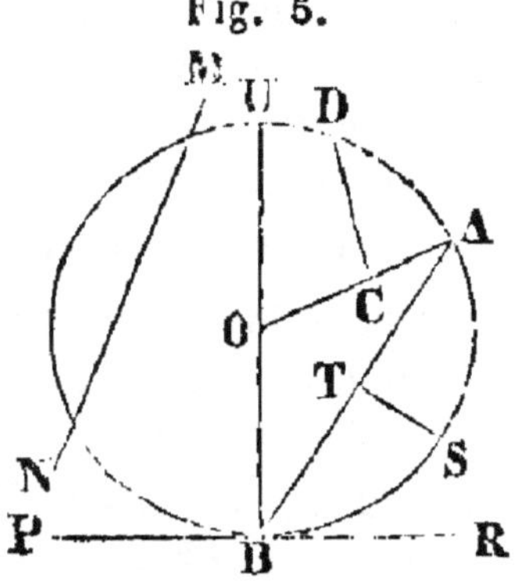

On nomme *tangente* toute ligne droite P R qui

ne touche la circonférence qu'en un seul point B, nommé *point de contact.*

Une *corde* ou *sous-tendante* est une ligne droite A B qui, étant située dans l'espace renfermé par une circonférence, aboutit à deux points de cette circonférence sans passer par le centre. Le *diamètre* peut être considéré comme la plus longue des cordes d'une circonférence.

On appelle *arc de cercle* une portion ASB de la circonférence sous-tendue par une corde AB. La *flèche* est une ligne droite S T qui tombe perpendiculairement, par l'une de ses extrémités, sur le milieu d'une corde, et dont l'autre extrémité aboutit à un point de la circonférence; cette ligne mesure la plus grande distance de la corde à l'arc qu'elle sous-tend. Une *sécante* M N est une ligne droite qui traverse la circonférence en la coupant en deux endroits. On appelle *ordonnée* toute ligne droite C D qui joint un des points d'un rayon à un point d'une circonférence; une *abscisse* est la partie CA du rayon comprise entre le point de la circonférence A où aboutit le rayon et le point du rayon C où aboutit l'ordonnée.

Observation. — En Géométrie, on fait usage, à chaque instant, de certains *termes* dont il est bon de donner ici la définition, ainsi que l'explication des divers *signes* employés dans plusieurs formules; nous allons spécialement consacrer le chapitre suivant à cet objet.

CHAPITRE II.

TERMES ET SIGNES DONT ON FAIT USAGE EN GÉOMÉTRIE.

1°. Termes.

15. Les termes dont on fait usage en Géométrie sont les suivants :

1°. **Axiome.** — L'*axiome* est une vérité évidente par elle-même et incontestable. Voici les principaux axiomes.

1°. Le tout est plus grand que sa partie ; — 2°. Le tout est égal à la somme de toutes ses parties ; — 3°. Deux quantités égales à une troisième sont égales entre elles ; — 4°. Deux quantités (*lignes*, *surfaces*, *corps*) sont égales lorsqu'on peut les superposer de manière à les faire coïncider dans toute leur étendue (1) ; — 5°. Deux quantités égales le sont encore soit qu'on les augmente, soit qu'on les diminue d'une même troisième quantité, soit qu'on les multiplie, soit qu'on les divise par cette même troisième quantité.

2°. **Principe.** — On nomme *principe* toute vérité évidente ou démontrée servant à établir une autre vérité.

3°. **Proposition.** — La *proposition* est l'énoncé d'une vérité démontrée ou à démontrer.

---

(1) On appelle *homologues* les parties coïncidentes.

Chaque proposition comprend trois parties : — 1°. Le SUJET ; — 2°. L'HYPOTHÈSE ; — 3°. La CONCLUSION.

1°. On appelle *sujet* la chose dont on s'occupe. —2°. L'*hypothèse* est la supposition (*vraie ou fausse*) qu'on admet dans l'énoncé ou dans le développement d'une proposition et dont on tire une conséquence. — 3°. La *conclusion* est la conséquence tirée de la comparaison du *sujet* avec l'*hypothèse.*

Ainsi, soit la proposition suivante :

Toute droite qui joint deux points d'un plan est contenue tout entière dans ce plan.

Le SUJET est : *toute droite ;* — l'HYPOTHÈSE: *qui joint deux points d'un plan ;* — la CONCLUSION : *est contenue tout entière dans ce plan.*

4°. **Réciproque.** — La *réciproque d'une proposition* est une seconde proposition (*vraie ou fausse*) provenant de la proposition dans laquelle on a mis l'hypothèse à la place de la conclusion et *vice versâ.*

Ainsi, soit cette *proposition :*

Tout point dont la distance au centre d'un cercle, est égal à un rayon, est situé sur la circonférence.

La *réciproque* de cette proposition est :

Tout point qui est situé sur la circonférence d'un cercle, est à une distance du centre égale à un rayon.

5°. **Théorème.** — Le *théorème* est une vérité qui devient évidente au moyen d'un raisonnement appelé *démonstration;* le théorème comprend une *hypothèse* et une *conclusion.*

6°. **Problème.** — On nomme *problème* toute question proposée à résoudre et qui exige une *solution.*

7°. **Lemme.** — Un *lemme* est une proposition employée subsidiairement à la démonstration d'une autre proposition.

Remarque. — Le nom commun de *proposition* s'attribue indifféremment aux *théorèmes*, *problèmes* et *lemmes.*

8°. **Corollaire.** — Un *corollaire* est la conséquence d'une proposition démontrée.

9°. **Scolie.** — Une *scolie* est une remarque qui a rapport à une ou à plusieurs propositions précédentes ; elle tend à faire apercevoir la *liaison*, l'*utilité*, la *restriction* ou l'*extension* qui existe entre ces propositions.

10°. **Hypothèse.** — L'*hypothèse* est une supposition faite soit dans l'énoncé d'une proposition, soit dans le courant d'une démonstration.

2°. Signes.

16. Les principaux signes que nous employons dans cet ouvrage sont :

1°. (+). Le signe + s'énonce *plus;* il se place entre les quantités pour exprimer qu'il faut en faire la somme. Ainsi, A + B indique que la ligne B doit être ajoutée à la ligne A.

2°. (—). Le signe — s'énonce *moins;* on le place entre les quantités dont on cherche la différence. Ainsi, M — N indique la différence de la quantité N à la quantité M.

3°. (×). Le signe × s'énonce *multiplié par;* ce signe désigne le produit d'une quantité par une autre. Ainsi, D × G représente le produit de D par G.

Un produit peut aussi être indiqué par un point D . G ou en écrivant les lettres à côté l'une de l'autre sans interposition de signe D G ; mais cette expression ne peut avoir lieu que dans le cas où l'on n'a pas à indiquer en même temps la distance de deux points exprimés respectivement par la même lettre que chacun des facteurs d'un produit.

4°. (:). Le signe : se prononce *divisé par;* il indique la division d'une quantité par une autre. On remplace souvent ce signe par une barre horizontale au-dessus de laquelle on écrit le dividende et au-dessous le diviseur. Ainsi, l'expression O : P ou $\frac{O}{P}$ désigne la division de O par P.

5°. (=). Le signe = s'énonce *égale;* il se place entre deux quantités égales. Ainsi, A = I exprime que la quantité A égale la quantité I. Ce signe est aussi employé pour indiquer l'égalité de deux résultats d'opération.

6°. Pour désigner le produit d'une quantité, on fait usage d'un nombre entier ou fractionnaire que l'on écrit à la gauche de cette quantité ; ce nombre s'appelle *coefficient*. Ainsi, 5PR et R 3/4 sont des expressions qui désignent 5 fois le produit de P par R, et les 3/4 de la quantité R.

7°. On exprime la puissance d'une quantité en faisant usage d'un chiffre que l'on écrit à la droite et un peu au-dessus de la quantité; ce chiffre s'appelle *exposant*. Ainsi, le carré et le cube (ou la deuxième et la troisième puissance) de C s'expriment par C^2 et C^3.

8°. L'extraction de la racine d'une quantité s'indique au moyen du signe $\sqrt{}$, nommé *radical;* on le place à la gauche des quantités dont on veut extraire la racine, et l'on écrit dans les deux branches le chiffre qui est l'indice de cette racine. Ainsi, $\sqrt[2]{16}$ et $\sqrt[3]{125}$ sont deux expressions d'une racine à extraire. La première exprime la racine carrée de 16, et la seconde désigne la racine cubique de 125.

Remarque. — Le signe $\sqrt{}$, non surmonté d'un chiffre, suffit pour exprimer l'extraction de la racine carrée d'une quantité quelconque.

Ainsi $\sqrt{36}$ et $\sqrt{109-60}$ sont les deux expressions numériques de l'extraction de la racine carrée de 36 et de la différence de 60 à 109.

CHAPITRE III.

PROBLÈMES SUR LES DIVERSES ESPÈCES DE LIGNES.

I°. Lignes perpendiculaires.

PROCÉDÉS POUR ÉLEVER UNE PERPENDICULAIRE SUR UNE LIGNE DROITE.

17. Il se présente trois cas : 1°. *Le point est situé sur la ligne.* — 2°. *Le point donné est situé hors de la ligne.* — 3°. *Le point est situé à l'une des extrémités de la ligne.*

1er **Cas.** — *On propose d'élever une perpendiculaire au point* P *de la ligne* A B (Fig. 6).

Solution. — Du point P comme centre, avec une ouverture quelconque de compas, mais plus petite que P B, je décris les arcs *o* et *m*, puis des points *o* et *m* comme centres et avec une même ouverture de compas, plus grande que *m* P ou *o* P, je décris deux arcs qui se coupent en I : la perpendiculaire sera la ligne tirée de I en P.

Fig. 6.

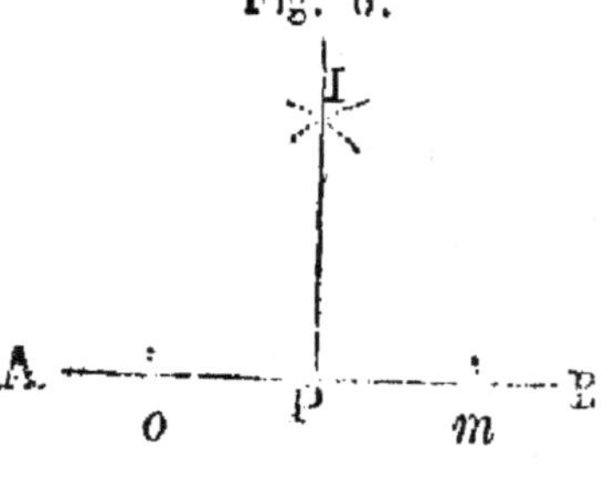

Remarque. — On procéderait de même pour abaisser une perpendiculaire sur le milieu de la ligne A B. On prend chaque extrémité comme centre, puis d'une ouverture de compas plus grande que la moitié approximative, on trace au-dessus et au-dessous de AB des arcs qui se coupent, afin d'avoir les deux points qui déterminent la direction de la perpendiculaire.

2ᵉ **Cas.** — *Du point* P *situé hors de la ligne* M N (Fig. 7), *on veut abaisser une perpendiculaire sur cette ligne.*

Solution. — Du point P, comme centre et avec une ouverture de compas assez grande pour couper la ligne M N en deux endroits, on trace les arcs *s* et *u*; puis des points *s* et *u* déterminés sur la ligne M N, comme centres, on décrit, au-dessous de la ligne donnée, des arcs qui se coupent en R en déterminant le second point qui indique la direction de la perpendiculaire P O demandée.

Fig. 7.

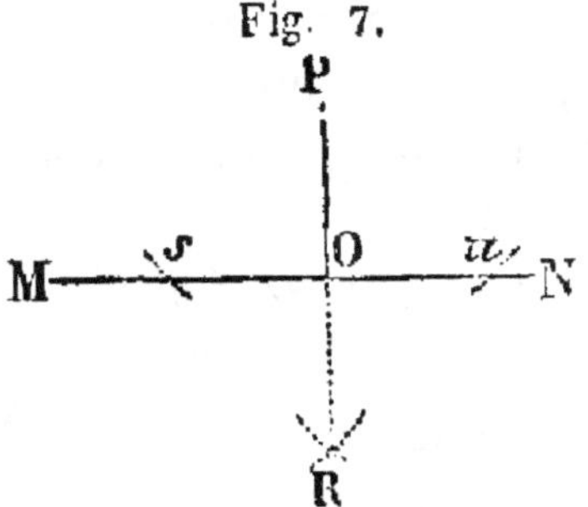

Observation. — Il existe plusieurs procédés pour élever une perpendiculaire à l'extrémité d'une ligne droite; nous allons en examiner seulement quelques-uns; ce sera l'objet du troisième cas, et des deux procédés suivants.

3ᵉ **Cas.** — *On propose d'élever une perpendiculaire à l'extrémité* B *de la ligne* A B (Fig. 8).

Solution. — On prolonge la ligne A B de B en *c*, et l'on opère exactement comme dans le premier problème en décrivant des arcs du point B, à droite et à gauche de ce point, ces arcs servant de centres pour tracer les arcs qui se coupent en *o*.

Fig. 8.

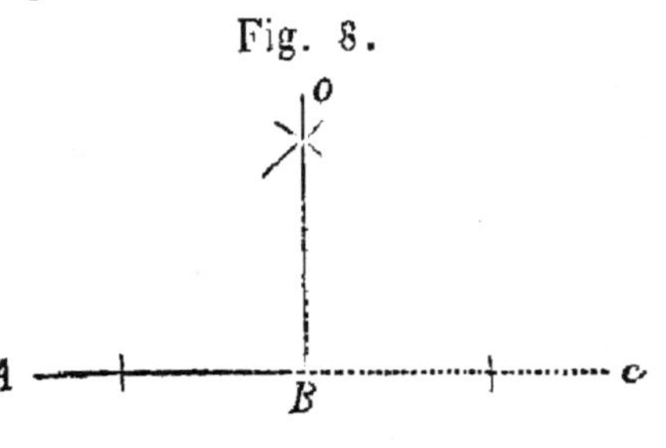

Remarque. — Il arrive assez souvent que la ligne à l'extrémité de laquelle on veut élever une perpendiculaire, ne peut pas être prolongée; voici deux procédés employés dans cette circonstance :

Soit proposé d'élever une perpendiculaire à l'extrémité B *de la ligne* A B (Fig. 9).

1er Procédé. — Du point O, comme centre (1), avec une ouverture de compas égale à O B, je décris une circonférence *m n* B qui coupe la ligne A B au point *m*; du point *m*, je tire le diamètre *m n* qui tou-

Fig. 9.

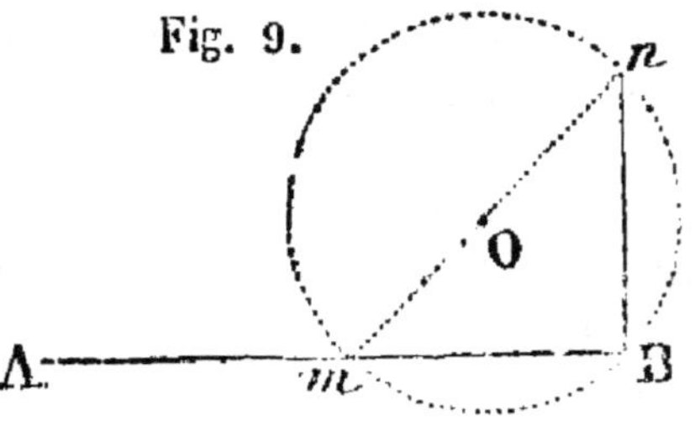

(1) Ce point O est pris arbitrairement au-dessus de la ligne donnée de manière toutefois à ne pas se trouver dans la direction de cette perpendiculaire.

che la circonférence au point *n*; ce point est le second de détermination de la ligne perpendiculaire *n* B.

2ᵉ Procédé. — Du point P (Fig. 10), d'où je veux élever la perpendiculaire, je décris l'arc arbitraire AB; avec le même rayon et du point R comme centre je coupe cet arc en C; du point C, et toujours avec le même rayon, je décris l'arc R; enfin, je tire la ligne AR, passant par C; cette ligne coupe l'arc R en un point qui est celui où doit passer la perpendiculaire demandée PR.

Fig. 10.

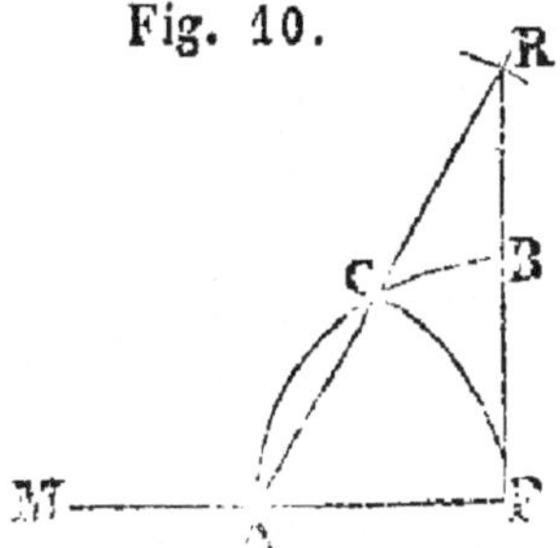

18. On peut encore abaisser une perpendiculaire sur une ligne au moyen de l'*équerre* dont nous avons indiqué l'usage et donné la description dans le Traité de *Dessin linéaire* qui fait partie de cette bibliothèque.

Sur le terrain, on fait usage d'un instrument nommé équerre d'arpenteur. (*Voir l'*Arpentage, *page* 11).

2°. Lignes parallèles.

19. On distingue plusieurs procédés pour mener une ligne parallèle à une autre ligne donnée; nous allons examiner successivement chacun de ces procédés.

On propose de mener une ligne parallèle à la droite A B (Fig. 11).

1er Procédé. — D'un point O pris approximativement au milieu de A B, et d'un rayon arbitraire moins grand que O B ou O A, on décrit la demi-circonférence C*mn*D ; du point D et du point C, comme centres, avec un certain rayon, on décrit les arcs *m* et *n* qui déterminent sur la circonférence les points où doit passer la parallèle demandée.

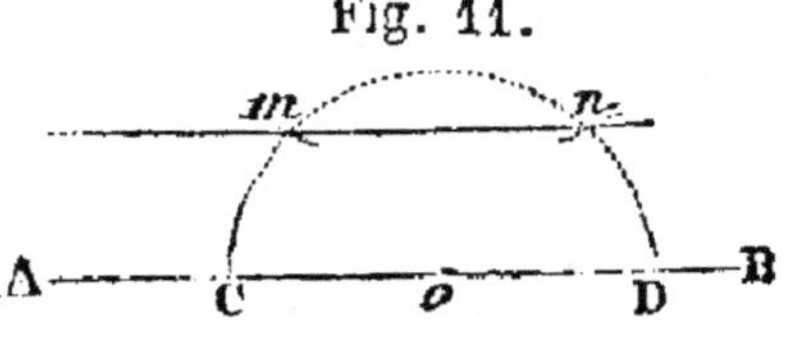

Fig. 11.

2e Procédé. — Lorsque l'un des points où doit passer la parallèle est donné, voici le procédé qu'il faut suivre :

Soit la même ligne AB, *et* P *le point donné* (Fig. 12).

Du point B on tire la ligne oblique BP. Du point B, comme centre, avec une certaine ouverture de compas, on décrit l'arc *m n* situé entre la ligne donnée et la ligne auxiliaire BP. Avec la même ouverture de compas et du point P comme centre, on décrit l'arc arbitraire *o s*, et sur cet arc *o s* on

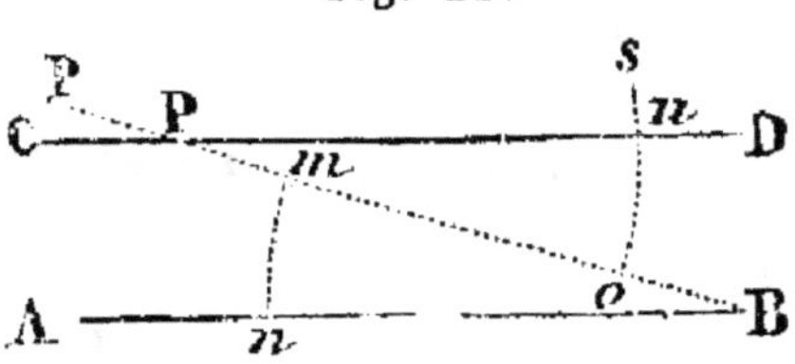

Fig. 12.

porte la longueur de l'arc *m n* de *o* en *u*; le point *u* est l'endroit où doit passer la parallèle demandée C D.

Remarque. — On pourrait encore employer le premier procédé pour mener une parallèle à une ligne droite par un point donné; dans ce cas, on ferait passer la demi-circonférence par le point P; et, pour déterminer le second point où doit passer la parallèle, on prendrait la grandeur de l'arc intercepté entre le point P et la ligne A B, et on la porterait sur l'extrémité opposée de la demi-circonférence.

3e Procédé. — Au moyen des perpendiculaires, on peut encore tracer une parallèle à une ligne donnée, en abaissant une perpendiculaire sur cette ligne et une nouvelle perpendiculaire sur la première; cette nouvelle perpendiculaire sera la parallèle demandée.

Si l'un des points était donné, on abaisserait de ce point la perpendiculaire sur la ligne, et on élèverait une perpendiculaire sur le point situé sur cette perpendiculaire.

20. Au moyen de la *règle* et de l'*équerre*, on peut encore abaisser une ou plusieurs parallèles sur une ligne droite donnée (Fig. 13).

Pour cela, on applique un des bords de l'équerre sur la ligne AB, puis on place une règle RR' contre l'autre bord de cette équerre et l'on tient cette règle fixe sur la ligne. Si l'on fait glisser l'équerre le long de la règle, on détermine la parallèle C, et l'on agit ainsi de suite pour autant de parallèles qu'on le juge convenable.

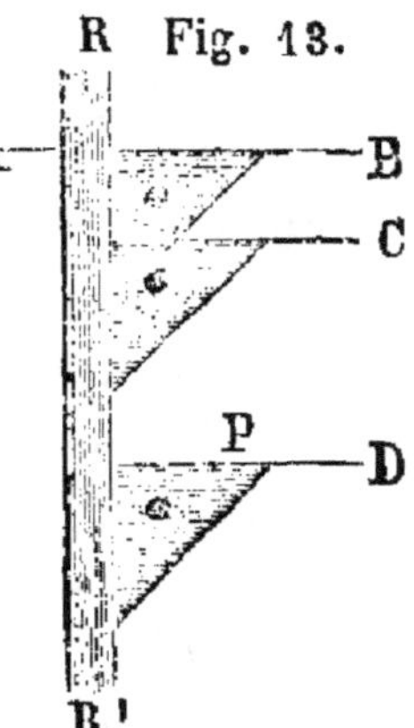

Fig. 13.

Lorsqu'un point P est donné, on fait glisser l'équerre jusqu'à la rencontre de ce point et l'on trace la parallèle D qui doit passer par le point P.

Remarque. — Sur le terrain, on mène des lignes parallèles à d'autres au moyen de l'*équerre d'Arpenteur*. (*Voir l'*Arpentage.)

21. Pour mener une parallèle à un arc dont le centre du cercle auquel cet arc appartient est connu, on décrit du centre un arc d'un rayon plus grand ou plus petit que celui de l'arc donné.

Si l'on voulait tracer une parallèle à une ligne courbe, qui serait une portion d'une circonférence d'un centre inconnu, il faudrait retrouver d'abord le centre par le procédé que nous indiquons n°. 41, et l'on opérerait comme nous venons de l'indiquer pour un arc.

Remarque. — Lorsqu'il s'agit de tracer des arcs de cercle sur le terrain, on fait usage de cordeau, et l'on opère exactement comme avec le compas.

CHAPITRE IV.

DIVISION DES LIGNES.

Observation. — Nous allons indiquer quelques procédés à suivre pour diviser les lignes droites en un certain nombre de parties égales ; dans l'ouvrage du *Dessin linéaire* nous complèterons ce que nous aurons dit ici.

22. Pour partager la ligne droite A B en deux parties égales (Fig. 14), du point A comme centre, avec une ouverture de compas plus grande que la moitié de A B, on décrit l'arc *o* et l'arc *r* ; puis, avec la même ouverture de compas, et du point B comme centre, on coupe les arcs *o* et *r* ; les deux points d'intersection déterminent le passage de la ligne qui coupe AB en deux parties égales au point N.

Fig. 14.

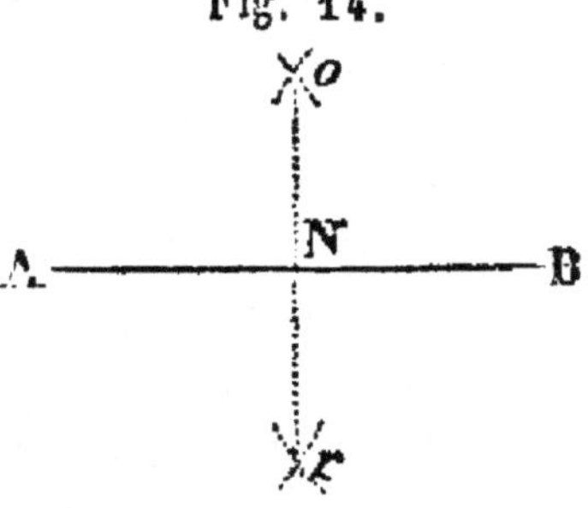

Remarque. — Si l'on partage en deux parties égales, au moyen du même procédé, les deux portions A N et N B, la ligne totale A B se trouvera partagée en quatre parties égales.

23. Il existe plusieurs procédés pour *partager*

une ligne droite en un nombre quelconque de parties égales ; nous allons examiner successivement ceux qui sont employés dans la pratique.

Soit proposé de partager la ligne **A B** *en cinq parties égales.*

1er **Procédé.** — On tire une ligne perpendiculaire d'une longueur arbitraire à chaque extrémité de la ligne **AB** (Fig. 15), l'une **AO** située au-dessous, et l'autre **BS** située au-dessus (1) ; ensuite on porte sur chacune de ces perpendiculaires (avec une ouverture quelconque de compas) quatre parties égales,

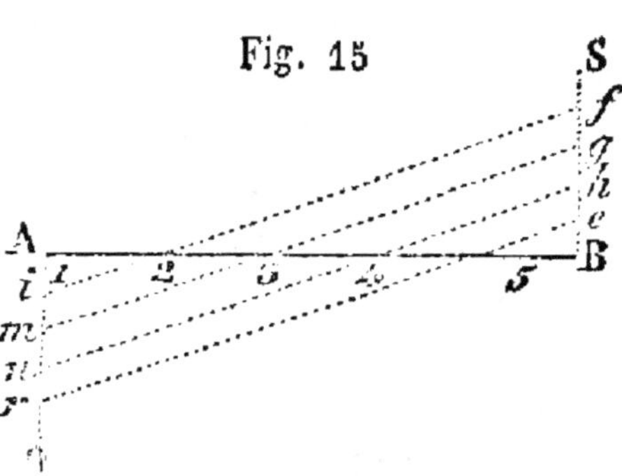

Fig. 15

c'est-à-dire autant de parties moins une qu'on veut en avoir dans la ligne à partager ; enfin, on tire une ligne droite du point *i* au point *f*, du point *m* au point *g*, et ainsi de suite : ces lignes partagent la droite **AB** en cinq parties égales **1, 2, 3, 4, 5.**

On agirait absolument de la même manière

(1) Observons ici que ces deux lignes peuvent être deux obliques, mais il faut rigoureusement qu'elles soient parallèles entre elles. On les fait obliquer sur la ligne au-dessus et au-dessous.

pour partager cette ligne en un nombre quelconque de parties égales.

2ᵉ Procédé. — Pour partager la même ligne AB (Fig. 16) en cinq parties égales, on tire une ligne droite indéfinie MN, plus longue que la ligne à diviser, on marque sur cette ligne autant de parties égales 1, 2, 3, 4, 5, qu'on veut en avoir dans la ligne qui doit être divisée, puis on prend avec le compas la longueur totale M5 des cinq divisions; avec cette ouverture de compas et des points M et 5 comme centres, on décrit deux arcs qui se coupent en C; on joint par des droites le point d'intersection C à tous les points de section de la ligne M5.

Fig. 16.

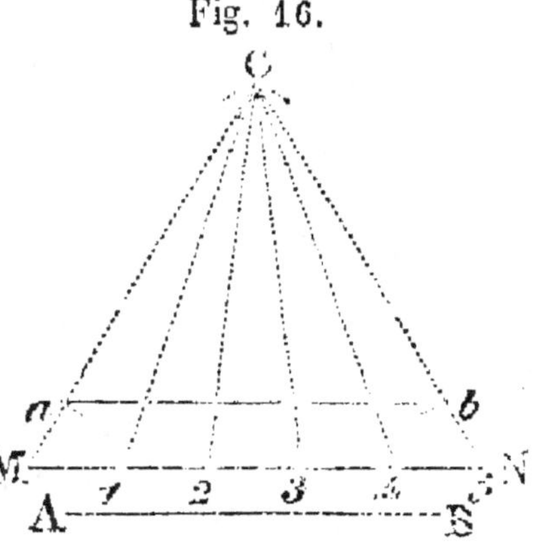

Prenant la longueur de la ligne donnée AB, on porte cette longueur de C en *a* et de C en *b*; enfin, on joint les points *a b* : la ligne donnée AB dont la longueur égale la ligne *ab*, est naturellement partagée en cinq parties égales.

Remarque. — Lorsque l'on prend une longueur pour établir sur la ligne MN chaque division M-1, 1-2, 2-3, etc., il faut prendre cette longueur telle que la somme totale des divisions donne une longueur plus grande que la ligne que l'on se propose de partager.

3° **Procédé.** — Pour partager la ligne **AB** (Fig. 17) en cinq parties égales, on tire à l'une des extrémités, à l'extrémité **B**, par exemple, une ligne indéfinie **BL**; on porte arbitrairement cinq parties égales sur cette ligne indéfinie, on tire la ligne droite **A 5**, et l'on mène enfin à partir des points 4, 3, 2, 1, des lignes parallèles à la ligne **A 5**: ces parallèles déterminent sur la ligne proposée **AB** les points de division demandés.

Fig. 17.

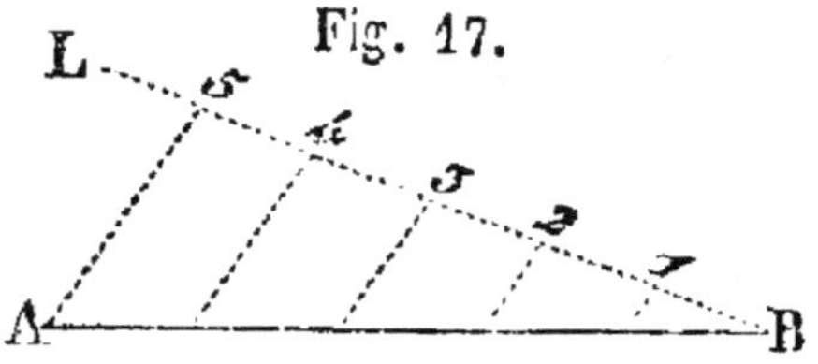

Observation. — Tous les procédés qui précèdent, ainsi que ceux qui vont suivre, reposent sur des propositions que nous ne devons pas démontrer dans ces Éléments de Géométrie. Les élèves qui se familiariseront avec ces procédés pratiques, comprendront plus tard avec une merveilleuse facilité toutes les démonstrations qui s'y rattachent.

Quant à la division des lignes courbes en un certain nombre de parties égales, nous n'en parlerons pas dans cet ouvrage et nous en ferons l'objet d'un chapitre particulier dans un autre volume.

CHAPITRE V.

DE LA CIRCONFÉRENCE.

1°. Rapport de la Circonférence au Diamètre et réciproquement.

24. En portant la longueur d'un diamètre sur la longueur de la circonférence à laquelle ce diamètre appartient, on trouve que la première n'est pas exactement contenue dans la seconde.

25. Plusieurs savants ont trouvé approximativement divers rapports de la circonférence au diamètre, mais l'on ne fait usage que de deux rapports. Le premier rapport est celui d'Archimède (1), il s'écrit : $\frac{22}{7}$, et il exprime qu'une circonférence de 22 unités de longueur a un diamètre qui contient 7 de ces unités ; ainsi, d'après Archimède, une circonférence contient 3 fois son diamètre plus $\frac{1}{7}$ de ce diamètre.

26. Le deuxième rapport appartient à Métius (*Adrien*) (2), il est beaucoup plus exact, et s'écrit : $\frac{355}{113}$; il exprime qu'une circonférence

(1) Archimède, de Syracuse (Sicile), géomètre célèbre, mort assassiné l'an 212 avant Jésus-Christ.

(2) Métius (*Adrien*), Hollandais, géomètre et astronome distingué, né en 1571, à Alckmaer, mort en 1635. Il était frère de Métius (*Jacques*), l'inventeur des télescopes par réfraction.

de 355 unités de longueur contient un diamètre égal à 113 de ces mêmes unités.

En réduisant l'expression fractionnaire $\frac{355}{113}$ en nombre décimal, on trouve 3,1416 (à moins d'un dix-millième). Ce nombre est plus commode dans la pratique; il exprime qu'une circonférence quelconque contient 3 fois son diamètre plus 1416 fois la dix-millième partie de ce diamètre.

27. Si l'on écrit $\frac{113}{355}$, on exprime le rapport du diamètre à la circonférence; cette fraction ordinaire, réduite en fraction décimale, donne 0,3183 (à moins d'un dix-millième près).

28. On peut facilement trouver la longueur d'une circonférence, connaissant la longueur de son diamètre ou de son rayon.

Réciproquement, on obtient la longueur du diamètre, connaissant la longueur de la circonférence à laquelle il appartient. Voici, pour cet objet, les deux règles à suivre et les deux applications relatives.

29. **Règle**. — *Pour obtenir la longueur d'une circonférence, on multiplie la longueur du diamètre par le rapport* 3,1416.

Application. — *Soit proposé de trouver la longueur d'une circonférence ayant un diamètre de 2 mètres 25.*

Solution. — Le diamètre de la circonférence ayant 2 mètres 25, la circonférence demandée égalera 2,25 × 3,1416 ou 7 mètres 68 millim.

30. Règle. — *Pour obtenir la longueur du diamètre d'une circonférence, on multiplie la longueur de la circonférence par* 0,3183.

Application. — *Une circonférence a* 45 *mètres* 50 *centimètres de long : Quelle est la longueur de son diamètre ?*

Solution. — Puisque la circonférence a 45 mètres 50 de long, d'après la règle précédente, je trouverai la longueur de son diamètre en multipliant 45,50 par 0,3183. Effectuant l'opération, j'obtiens : $45{,}50 \times 0{,}3183$ ou 14 m. 483 millim.

Remarque. — On pourrait encore obtenir la longueur du diamètre en divisant la longueur de la circonférence par 3,1416.

2°. Division de la Circonférence en Degrés, Minutes, Secondes, etc.

31. Toute circonférence, grande ou petite, se divise en 360 parties égales appelées *degrés* : chaque degré vaut 60 minutes ; chaque minute vaut 60 secondes. Cette division de la circonférence est appelée *division sexagésimale ;* dans la pratique elle présente certains avantages à cause du grand nombre de diviseurs qui appartiennent aux nombres 360 et 60.

32. Il existe une autre division de la circonférence, qui devait remplacer la première ; on la nomme *division centigrade* ou *centesimale*, mais cette division est aujourd'hui généralement abandonnée.

33. Dans la *division centésimale*, la circonférence est partagée en 400 parties égales nommées *grades* ; chaque grade contient 100 minutes et chaque minute vaut 100 secondes (1).

34. Le quart d'une circonférence se nomme *quadrant ;* il vaut 90 degrés ou 100 grades.

35. Pour indiquer un arc de 8 degrés 45 minutes et 16 secondes sexagésimales, on écrira : 8° 45' 16''.

Dans la division centésimale le signe (°) se remplace par (^{G}), initiale du mot *grade*. Ex. : 8^{G}.

3°. Division de la Circonférence en diverses parties égales.

DIVISION EN 2, 3, 4, 6, 8, 12, 16 PARTIES (Fig. 18).

36. Nous allons indiquer certains procédés graphiques à l'aide desquels on partage une circonférence en un certain nombre de parties égales.

1°. En traçant le diamètre d'une circonférence on la partage en deux parties égales. Ainsi, le diamètre A B partage la circonférence A M B N S A en deux parties égales.

Fig. 18.

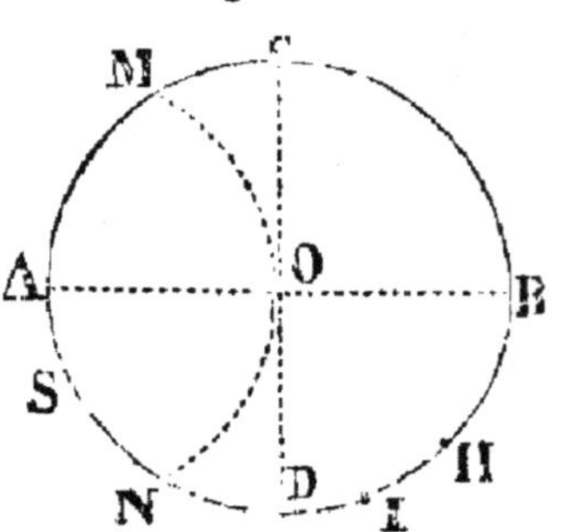

2°. Si au moyen du

(1) La *seconde* se partage aussi en dixièmes, centièmes et millièmes de seconde.

rayon AO on trace, du point A pris comme centre, l'arc MN, la portion MAN est le tiers de la circonférence; NB et BM en sont les deux autres tiers.

3°. Deux diamètres qui se coupent perpendiculairement au centre d'une circonférence, partagent cette circonférence en quatre parties égales aux points où les extrémités des diamètres touchent la circonférence. Ainsi, AB, tombant perpendiculairement sur CD, la circonférence AMBNSA est partagée en quatre parties égales AC, CB, BD et DA.

4°. Pour diviser une circonférence en huit parties égales, on partage chaque arc AC, CB, BD et DA en deux parties égales. Ainsi, en partageant DB en deux parties égales, on obtient DH, qui est la huitième partie de la circonférence. La seizième partie s'obtient en partageant le huitième DH en deux parties égales DI et IH.

5°. Nous venons de voir (2°) que l'arc MAN est le tiers de la circonférence; donc la moitié de cet arc, ou AN, égalera le sixième de cette circonférence, c'est-à-dire que ce rayon pourra y être contenu six fois.

6°. La moitié de AN ou AS égalera le douzième de la circonférence AMBNSA, d'après ce que nous avons dit précédemment.

DIVISION EN 7, 14, 15 PARTIES (Fig. 19)

27. Voici la construction graphique au moyen de laquelle on peut trouver la septième, la quatorzième et la quinzième partie d'une circonférence.

Je tire d'abord les deux diamètres AB et CD perpendiculairement l'un sur l'autre ; du point C comme centre et au moyen d'une ouverture de compas égale au rayon, je décris les arcs en E et en F; je tire la ligne EF; la moitié EH de cette ligne égale la *septième* partie de la circonférence. On obtient la *quatorzième* partie en prenant la moitié de EH ou de HF; ainsi,

Fig. 19.

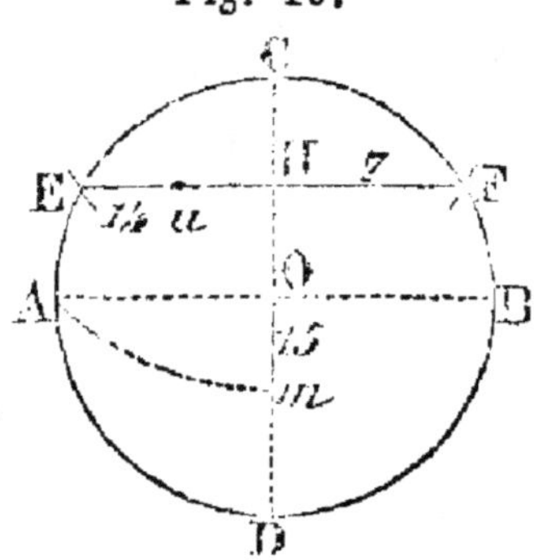

E*u*, par exemple, exprime la quatorzième partie de la circonférence.

Pour obtenir la *quinzième* partie, du point C comme centre et avec une ouverture de compas égale à CA, je décris l'arc A*m*; la longueur de la ligne *m*O exprime la *quinzième* partie de la circonférence.

Remarque. — La division de la circonférence en quinze parties donne des arcs de 24 degrés dont les subdivisions sont de 12, de 6 et de 3 degrés ; enfin, le tiers de la subdivision 3 degrés égale 1 degré.

DIVISION EN 5, 8, 10, 11, 16 PARTIES (Fig. 20).

38. Au moyen du tracé graphique suivant, on obtient le cinquième, le huitième, le dixième, le onzième et le seizième d'une circonférence.

Je tire les deux diamètres AB et CD qui se coupent perpendiculairement au point O, puis du point B comme centre et avec une ouverture de compas égale au rayon B O, je décris un arc en F. Avec la même ouverture de compas et du point D comme centre, je décris un arc en E.

Fig. 20.

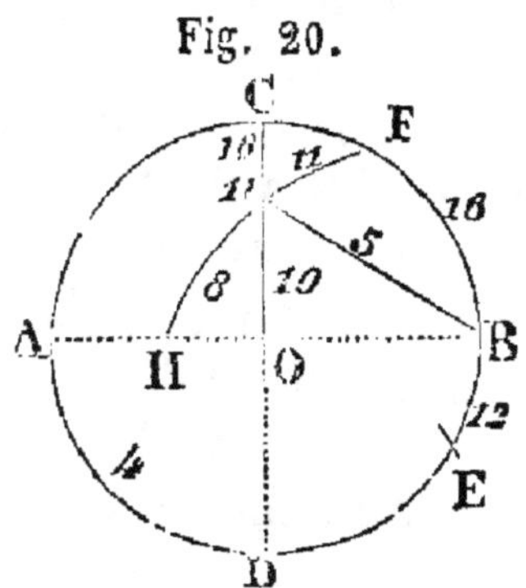

Du point E, comme centre, avec une ouverture de compas égale à E F, je décris F*u*H. En joignant *u*B on obtiendra les divisions demandées.

Ainsi, *u* B=le *cinquième*, *u* H le *huitième*, *u*F le *onzième*, *u*C le *seizième*. La moitié de *u*B égale le *dixième*.

DIVISION EN 9, 13, 19, 20 PARTIES (Fig. 21).

39. On peut couper une circonférence en neuf, treize, dix-neuf et vingt parties au moyen du tracé graphique suivant :

Fig. 21.

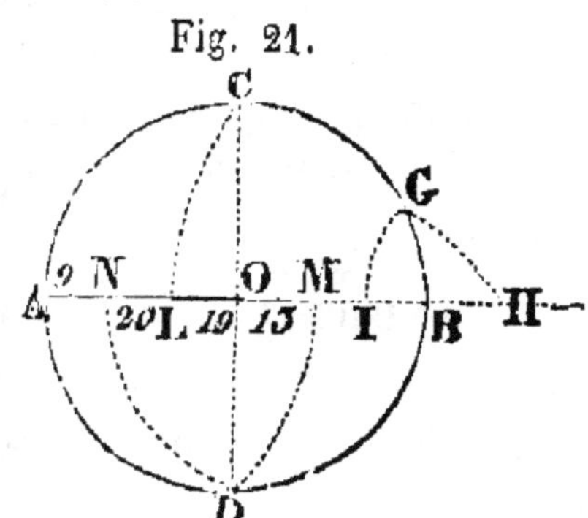

On coupe la circonférence en quatre parties égales au moyen des diamètres A B et C D perpendiculaires l'un à l'autre ; on prolonge l'un des diamètres, le diamètre AB, par exemple. Du point C, extrémité de l'autre diamètre CD, et d'une ouverture de compas égale au rayon CO, on coupe la circonférence en G. De l'extrémité D du même diamètre CD, et d'un rayon égal à DG, on décrit l'arc GH qui coupe en H le prolongement du diamètre AB. Du point H comme centre et avec une ouverture de compas égale à HG, on décrit l'arc GI; puis, du même centre H et avec une ouverture de compas égale à HC, on décrit l'arc CL: on obtient alors deux points I et L sur le diamètre AB. Du point A comme centre, avec un rayon égal à AD, on décrit l'arc DM qui coupe le diamètre AB au point M. Du point M comme centre, avec un rayon égal à MD, on décrit l'arc DN. Voici les divers résultats du tracé graphique dont il est question :

On obtient: AL pour la *neuvième* partie; — OM pour la *treizième;* — OL pour la *dix-neuvième;* — LN pour la *vingtième.*

Observation. — Nous allons indiquer le procédé au moyen duquel on peut diviser une circonférence en dix-sept parties égales; nous ferons remarquer que ces différents procédés sont d'un fréquent usage dans le dessin du tracé des machines, etc.

DIVISION EN 17 PARTIES (Fig. 22).

40. On obtient la dix-septième partie de la circonférence en procédant de la manière suivante :

Je tire un diamètre MN que je prolonge (F. 22), puis sur ce diamètre je détermine au point O un rayon OS perpendiculaire à ce diamètre. Du point N comme centre, et d'un rayon égal à celui de la circonférence, je décris l'arc C. Je partage le rayon OS en deux parties égales, et j'obtiens le point P. Du point P comme centre, avec une ouverture de compas égale à PC, je décris l'arc CB qui coupe le prolongement du diamètre MN au point B, et l'on obtient NB pour la dix-septième partie demandé.

Fig. 22.

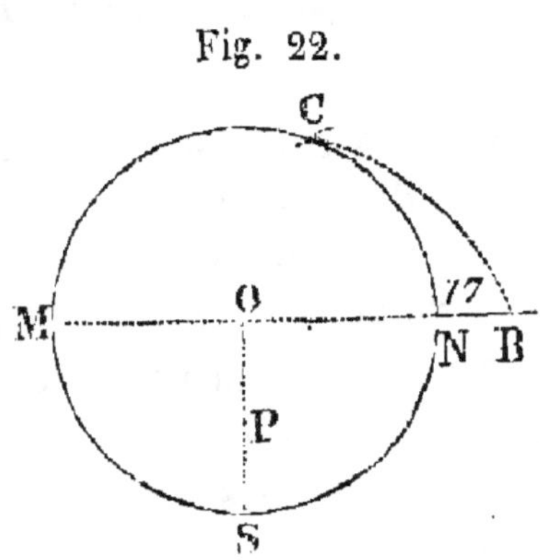

41. On peut trouver le centre d'un cercle en employant le procedé suivant (Fig. 23) :

Je prends trois points à volonté, A, B, C, sur la circonférence; je joins ces points par deux lignes droites AB et BC, et sur le milieu de chaque ligne j'abaisse une perpendiculaire d'après le procédé indiqué n°. 17 : les perpendiculaires *mn* et *st* se coupent au point O qui est le centre du cercle.

Fig. 23.

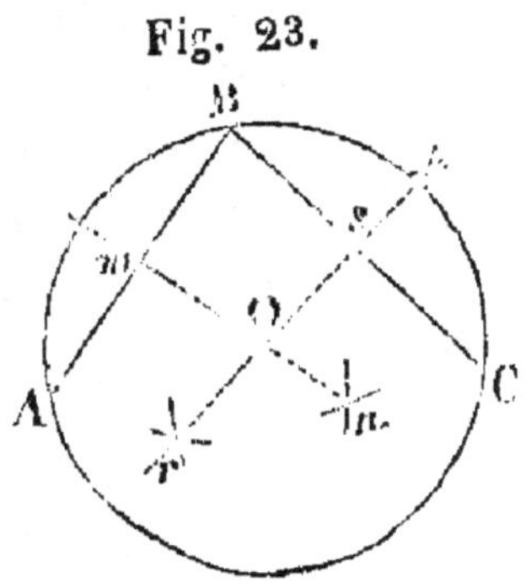

CHAPITRE VI.

DE L'OVALE. — DE L'ELLIPSE. — DE LA SPIRALE.

42. L'*ovale* est une ligne courbe fermée composée de quatre arcs de circonférence. Par extension on donne le nom d'*ovale* à la surface renfermée par cette ligne (1).

43. On distingue deux sortes d'*ovales* : 1°. l'*ovale régulier* , et 2°. l'*ovale irrégulier* nommé le plus souvent *ovoïde.*

44. 1°. L'ovale régulier est formé de quatre arcs de circonférence ; ces arcs sont égaux deux à deux et superposables : telle est la ligne AOPBSRA (Fig. 24).

45. 2°. L'ovale irrégulier contient quatre arcs de circonférence, dont deux seulement ont le même centre et sont superposables : telle est la ligne ABCDA (Fig. 26).

46. Voici un des procédés pour tracer l'*ovale régulier* et l'*ovale irrégulier ;* nous indiquerons dans le volume du Dessin linéaire (2) les différents procédés employés pour tracer un *ovale quelconque.*

---

(1) Beaucoup de personnes confondent l'*ovale* avec l'*ellipse*. Nous verrons qu'entre ces deux lignes courbes il existe une très-grande différence.

(2) Cet ouvrage fait partie de la *Petite Bibliothèque des Classes primaires.*

1°. Tracé de l'Ovale régulier.

Je tire une ligne droite AB (Fig. 24), je la partage en trois parties égales A*m*, *mn*, *n*B. Des points *m* et *n* comme centres, avec une ouverture de compas égale à l'une des parties, je décris deux circonférences qui se coupent en C et en D. Des points C et D je tire le diamètre CS et DO, passant le premier par le point *n* et le second par le point *m*.

Fig. 24

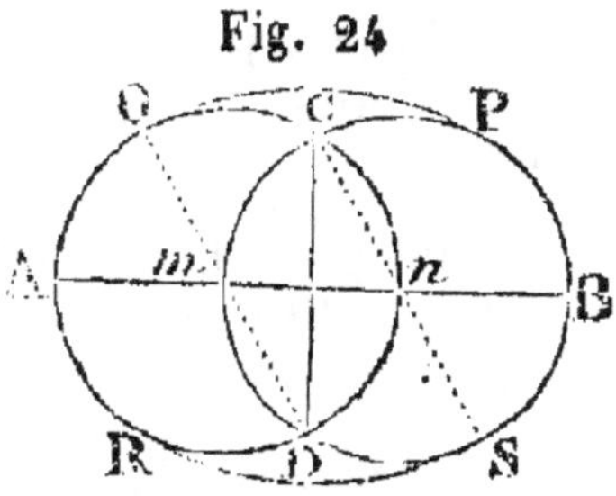

Des points D et C comme centres, avec une ouverture de compas égale à l'un des diamètres, je décris les arcs OP et RS, et je ferme ainsi l'ellipse au moyen de ces arcs.

2°. Tracé de l'Ovale allongé.

Je tire une ligne droite AB (Fig. 25); je divise cette ligne en quatre parties égales A*m*, *mo*, *on*, *n*B. Des points *m* et *n* comme centre, avec une ouverture de compas égale à l'une des parties, je décris deux cercles tangents au point *o*. ces deux

Fig. 25.

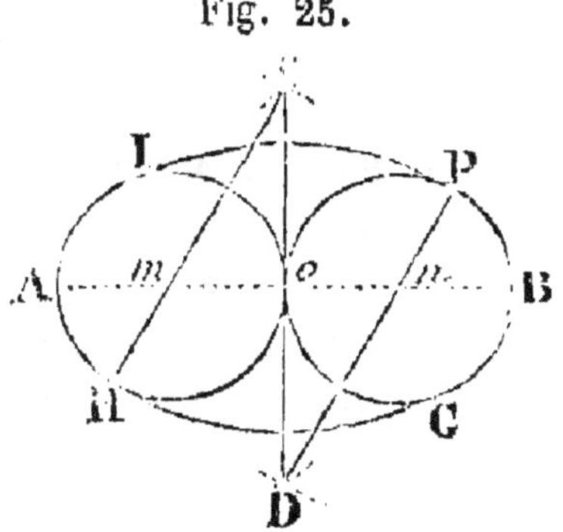

cercles forment les deux extrémités de l'ovale. Des mêmes points *m* et *n*, avec une ouverture de compas égale à deux divisions ou *m n*, je décris au-dessus et au-dessous des arcs qui se coupent en D et C. Du point D je tire la ligne D P passant par le centre *n*, et je décris du même point D, avec une ouverture de compas égale à D P, l'arc I P. Du point C je tire la ligne C H, passant par *m*, et avec une ouverture de compas égale à C H, et du point C comme centre, je décris l'arc H G pour fermer l'ovale.

47. Dans l'*ovale*, on distingue deux lignes inégales A B et C D perpendiculaires entre elles ; ces lignes se nomment *axes*. A B est le grand axe et C D le petit axe.

3°. Tracé de l'Ovale irrégulier ou Ovoïde.

48. L'*ovale irrégulier* ou *ovoïde* se trace de la manière suivante (Fig. 26) :

Fig. 26.

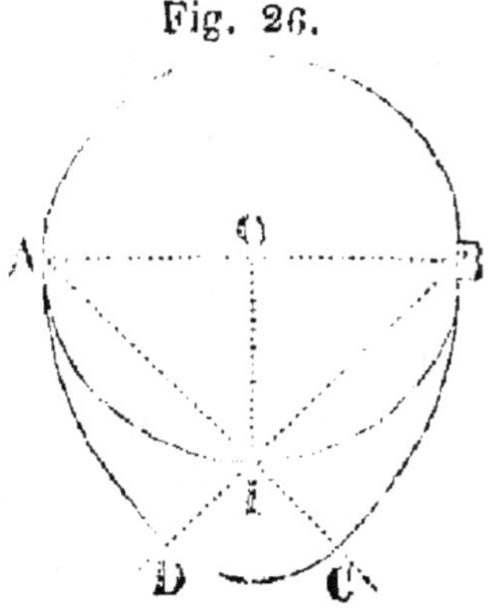

Je décris d'abord une circonférence, et je tire le diamètre A B. Je tire un rayon perpendiculairement sur le milieu de A B et j'obtiens O I qui coupe la circonférence en I. Je tire du point A et du point B deux droites A C et B D passant par le point I et d'une longueur égale au diamètre A B. Des points A et B comme centres et avec une ouverture de compas égale à A B, je décris les arcs A D et B C; il ne reste plus qu'à décrire du point I comme centre et avec une ouverture de compas égale à I D, l'arc D C pour fermer l'ovoïde.

49. On appelle *ellipse* une ligne courbe fermée et telle que si l'on mène deux droites de l'un quelconque de ses points à deux points fixes nommés *foyers*, la somme de ces deux lignes soit égale à la longueur d'une autre ligne droite nommée *grand axe.*

50. Les *axes de l'ellipse* sont deux lignes droites d'inégale longueur qui, étant situées dans l'ellipse, tombent perpendiculairement sur le milieu l'une de l'autre.

51. Le *grand axe* M N (Fig. 27) mesure la distance des deux points les plus écartés; le *petit axe* O P mesure celle des deux points les plus rapprochés.

52. On nomme *foyers de l'ellipse* les points F et F' situés sur le grand axe M N. Pour les déterminer, on prend la moitié du grand axe M N, du point O comme centre et avec une ouverture de compas égale à cette moitié du grand axe, on coupe ce grand axe en F et en F' qui sont les deux foyers cherchés.

Indiquons maintenant le procédé employé pour tracer l'ellipse.

4°. Tracé de l'Ellipse.

53. Pour tracer une *ellipse*, on fait usage de plusieurs procédés. Dans le Traité de *Dessin linéaire*, nous examinerons les divers moyens employés dans la pratique.

54. Voici le tracé géométrique de l'ellipse, il est peu connu :

Fig. 27.

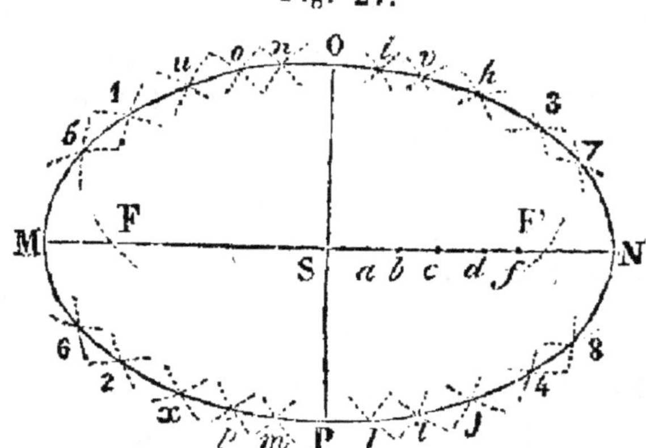

Je trace les deux axes MN et OP perpendiculairement sur le milieu l'un de l'autre. Je détermine les *foyers* en décrivant du point O comme centre (avec une ouverture de compas égale à la moitié MS du grand axe MN) des arcs en F et en F'. Je divise à volonté la moitie du grand axe, SN, par exemple, en un certain nombre de parties égales ou inégales (1) *a*, *b*, *c*, *d*, *f*,

(1) Plus on prend de parties, plus on détermine de points pour le passage de l'ellipse et plus alors on obtient une courbe régulière.

par exemple. Je prends une ouverture de compas égale à M *a*, et de chaque foyer F et F' comme centres, je décris d'abord des arcs en *i*, *l*, *m*, *n*. Des mêmes foyers comme centres, avec une ouverture de compas égale à *a*N, je coupe ensuite les arcs de cercle *i*, *l*, *m*, *n*, et j'ai déjà quatre des points où doit passer l'ellipse. Prenant une ouverture de compas égale à M *b*, et des foyers F et F' comme centres, je décris quatre nouveaux arcs en *o*, *p*, *r*, *v*; des mêmes foyers, avec une ouverture de compas égale à *b*N, je coupe les nouveaux arcs de circonférence *o*, *p*, *r*, *v*, et j'obtiens quatre nouveaux points pour le passage de l'ellipse. Avec une ouverture de compas égale à M*c*, et des foyers F et F' comme centres, je décris encore quatre arcs de circonférence *h*, *j*, *u*, *x*; des mêmes foyers, avec une ouverture de compas égale à *c*N, je coupe les arcs de circonférence *h*, *j*, *u*, *x*, et j'obtiens encore quatre points où doit passer l'ellipse. Avec une ouverture de compas égale à M*d*, et des foyers F et F' comme centres, je décris des arcs en 1, 2, 3, 4, et des mêmes foyers, avec une ouverture de compas égale à *d*N, je coupe les arcs 1, 2, 3, 4, et je détermine quatre points de plus pour le passage de l'ellipse : enfin, avec l'ouverture de compas M*f*, et des foyers F et F' comme centres, je trace les arcs de circonférence 5, 6, 7 et 8, que je coupe à ces mêmes points avec l'ouverture de compas *f*N et partant des mêmes foyers, ce qui donne les derniers points où doit passer l'ellipse. Il n'y a plus qu'à faire passer une courbe par les points trouvés pour obtenir l'ellipse.

55. La *spirale* est une ligne courbe ou brisée (rectiligne ou curviligne) qui, en se développant sur elle-même, s'éloigne de plus en plus des points où elle a pris naissance.

5°. Tracé d'une Spirale.

56. Il existe des tracés de la *spirale* à deux centres et à quatre centres; nous n'examinerons ici que le tracé à deux centres.

Je tire une ligne horizontale indéfinie (Fig. 28), je prends deux points *m* et *n* qui sont les centres d'opération. Du point *m* comme centre, et avec une ouverture de compas égale à *m n*, je décris la demi-circonférence *n* O; du point *n* comme centre, avec une ouverture de compas égale à *n* O, je décris la demi-circonférence OP raccordée en O avec la précédente. Du point *m* comme centre, et avec une ouverture de compas égale à *m* P, je décris la demi-circonférence PR qui se raccorde avec la précédente; j'ai obtenu la spirale *n* O P R qu'on peut prolonger indéfiniment par le même procédé de R en S, etc., etc.

Fig. 28.

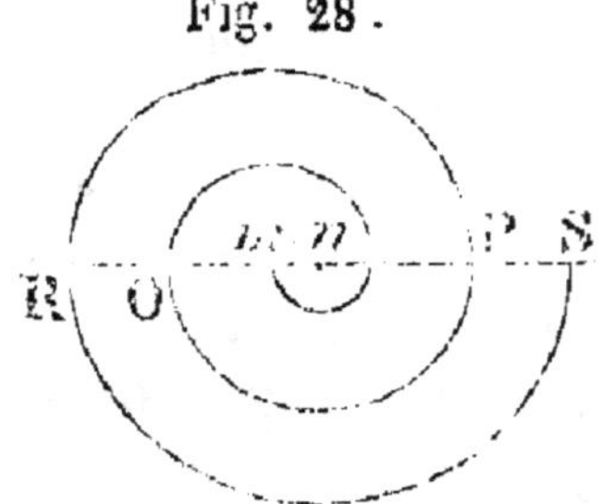

CHAPITRE VII.

DES LIGNES PROPORTIONNELLES.

57. Les *lignes proportionnelles* sont des lignes droites dont les longueurs comparées entre elles peuvent former une proportion.

58. Nous allons examiner les principaux problèmes relatifs aux *lignes proportionnelles*.

1er **Problème.**—*On propose de trouver une moyenne proportionnelle entre deux lignes droites données.*

Solution. — Soient M N et O P (Fig. 29) les deux lignes proposées. Je trace une ligne droite

Fig. 29.

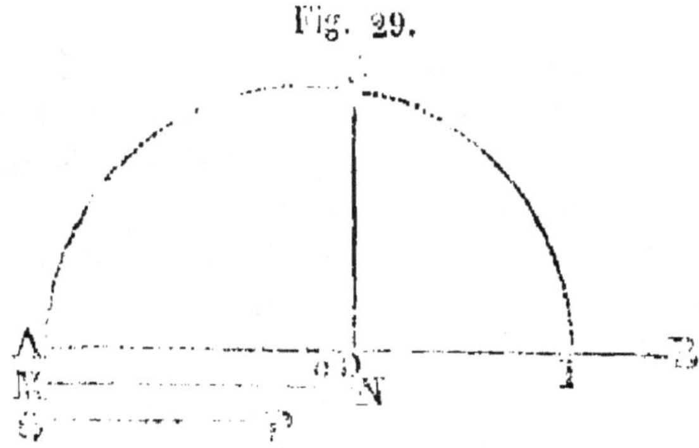

indéfinie A B; je porte sur cette ligne la longueur M N de A en D, puis celle O P de D en I; j'obtiens la ligne A I dont je prends la moitié en *o*. Du point *o* comme centre, je décris la demi-circonférence A C I, et au point D j'élève la ligne perpendiculaire C D qui est la *moyenne proportionnelle demandée*. On a la proportion :

M N : C D :: C D : OP.

2e **Problème.** — *On demande une troisième proportionnelle à deux lignes données.*

Solution. — Soient A B et CD (Fig. 30) les lignes auxquelles on veut trouver une *troisième proportionnelle* x, c'est-à-dire une ligne qui donne le même rapport de A B à CD que de CD

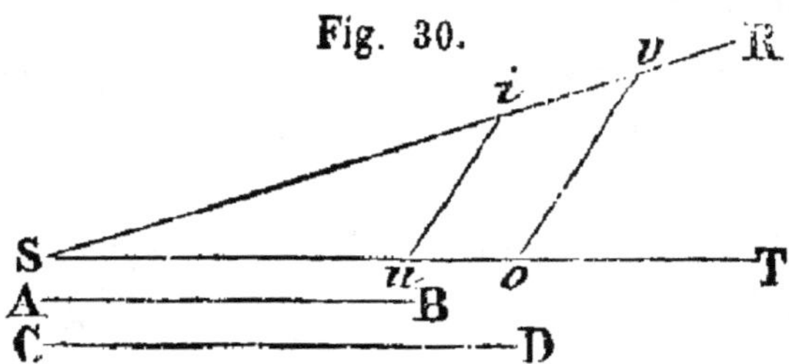

à x. Je forme un angle arbitraire R S T ; je porte la ligne A B de S en u, puis la ligne C D de S en o. Je porte encore la ligne CD de S en i et je joins les points i et u; si je mène du point o une ligne parallèle à $u\,i$, cette ligne déterminera sur la ligne SR un point v, et Sv sera la *troisième proportionnelle demandée*. On aura :

S u : S o :: S i : S v,
ou A B : CD :: CD : S v.

3e **Problème.** — *Décrire une quatrième proportionnelle à trois lignes données.*

Solution. — Soient A, B et C les trois lignes données (Fig. 31). Je tire deux lignes O M et

ON formant un angle arbitraire MON; je porte

Fig. 31.

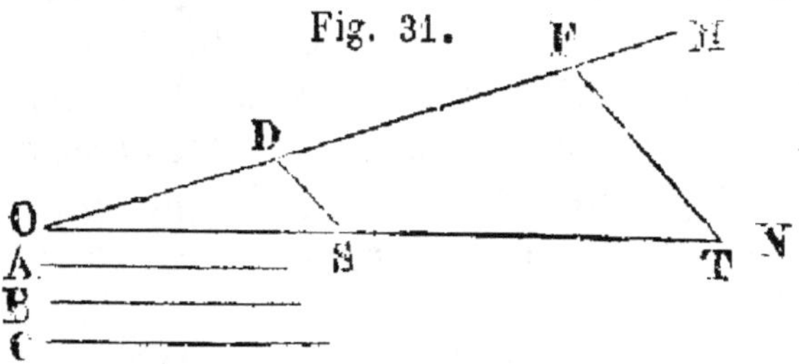

la longueur A de O en D, puis la longueur B de D en F, ensuite la longueur C, de O en S; je tire la ligne DS, et je mène FT parallèle à DS: cette ligne FT détermine sur la ligne ON un point T, et ST est la *quatrième proportionnelle demandée.* On obtient la proportion suivante:

OD : DF :: OS : ST,
ou A : B :: C : ST.

4e **Problème.** — *On propose de couper une ligne droite en moyenne et extrême raison* (c'est-à-dire en deux parties telles que la plus grande soit moyenne proportionnelle entre la ligne entière et l'autre partie).

Solution.—Soit MN la ligne proposée (F. 32). Au point N j'élève la perpendiculaire NP égale à la moitié de MN, et je joins MP, Du point P comme cen-

Fig. 32.

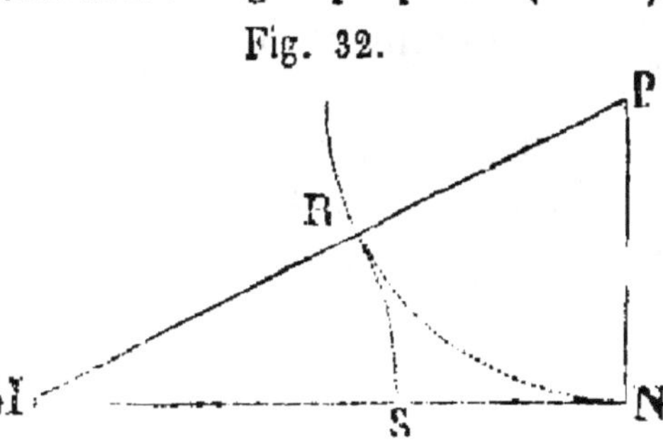

tre, avec une ouverture de compas égale à **PN**, je décris une circonférence qui coupe la ligne **MP** au point **R**; je porte **MR** de **M** en **S** : la ligne **MN** est coupée en *moyenne et extrême raison*, et les deux parties **MS** et **SN** sont telles que **MS** est moyenne proportionnelle entre **MN** et **SN**. On a donc :

NS : SM :: SM : MN.
ou MN : MS :: MS : SN.

5e **Problème.** — *On veut décrire, sur une ligne donnée, une figure semblable à une autre figure* **ABCDEA** (Fig. 33).

Solution. — Soit **RS** la ligne sur laquelle on veut décrire la figure. Du point **A** je tire les diagonales **AC** et **AD**; puis je porte sur le côté **AB** une longueur égale à **RS**, de **A** en *b*; je mène *bc* parallèlement à **BC**; *cd* parallèlement à **CD** et *de* parallèlement à **DE** : je forme ainsi la figure **A***bcde***A** semblable à la figure **ABCDEA** et construit sur **A***b* égale à **RS**.

Fig. 33.

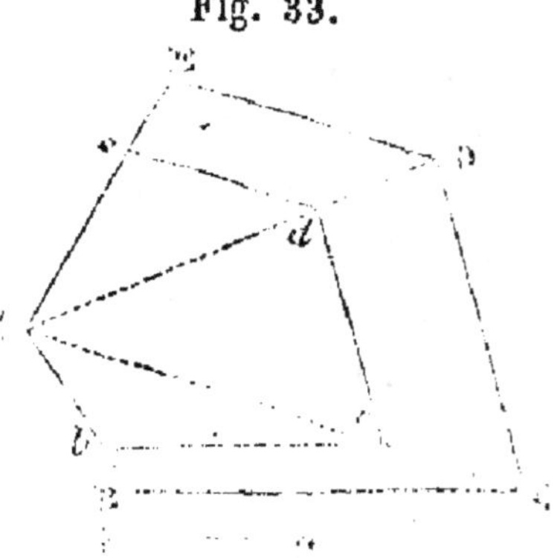

CHAPITRE VIII.

THÉORÈMES SUR LES LIGNES.

Observation. — Nous énonçons quelques théorèmes qui ne peuvent être démontrés dans ces Éléments ; les élèves les retiendront de mémoire, et dans nos *Leçons normales de Géométrie*, ils trouveront la démonstration de ce qu'ils auront appris ici.

1er **Théorème.** — Par un point pris sur une ligne droite, on peut élever une perpendiculaire sur cette ligne droite et on n'en peut élever qu'une.

2e **Théorème.** — De deux obliques, partant d'un même point d'une perpendiculaire, et qui s'écartent inégalement du pied de cette perpendiculaire, la plus courte est celle qui s'en éloigne le moins.

3e **Théorème.** — Deux lignes droites obliques (partant du même point d'une perpendiculaire à une ligne) qui s'écartent également du pied de cette perpendiculaire, sont égales.

4e **Théorème.** — Si l'on élève une ligne perpendiculaire sur le milieu d'une ligne droite déterminée, tout point de cette perpendiculaire est également éloigné des extrémités de la droite, et tout point hors de la perpendiculaire se trouve à des distances inégales de ces mêmes extrémités.

5e **Théorème.** — Deux lignes droites perpendiculaires à une troisième sont parallèles entre elles.

6e **Théorème.** — Deux lignes droites parallèles à une troisième sont parallèles entre elles.

7e **Théorème.** — Par un point donné hors d'une droite, on ne peut mener qu'une seule parallèle à cette droite.

8e **Théorème.** — Dans un même cercle ou dans des cercles égaux, les arcs égaux sont sous-tendus par des cordes égales. Réciproquement, dans un même cercle ou dans des cercles égaux, des cordes égales sous-tendent des arcs égaux.

9e **Théorème.** — Une perpendiculaire élevée sur le milieu d'une corde passe par le centre du cercle et par le milieu de chacun des arcs sous-tendus par cette corde.

10e **Théorème.** — Deux parallèles interceptent des arcs égaux sur une circonférence.

FIN DE LA PREMIÈRE PARTIE.

GEOMÈTRIE.

DEUXIÈME PARTIE.

DES SURFACES.

CHAPITRE IX.

1. Des Angles.

Observation. — Avant de parler des *surfaces*, nous allons étudier les *angles* qui en sont les parties constituantes. Nous en examinerons successivement la mesure et les différentes espèces suivant l'écartement et la nature des côtés.

59. On nomme *angle* l'espace indéfini compris entre deux lignes qui se coupent en un point appelé *sommet*. Chacune de ces lignes est le *côté* de l'angle.

Pour désigner un angle, lorsqu'il est seul, on énonce la lettre du sommet : ainsi, l'on dit l'angle B ou l'angle T. Lorsque plusieurs angles ont leur sommet au même point, on les énonce en employant les trois lettres affectées à chacun d'eux et ayant soin de placer au milieu la lettre du sommet : ainsi, l'angle **ABC** désigne un angle dont le sommet est en **B**, et dont les côtés sont **AB** et **BC**.

60. Les angles prennent différents noms suivant l'écartement de leurs côtés : — 1°. On nomme *angle droit* (Fig. **34**) l'angle **ABC** formé par deux lignes droites tombant perpendiculairement l'une sur l'autre ; cet angle vaut 90 degrés ou 100 grades ; — 2°. *Angle aigu* l'angle **DBC** plus petit que le droit ; — 3°. *Angle obtus* l'angle **EBC** plus grand que le droit.

Fig. 34.

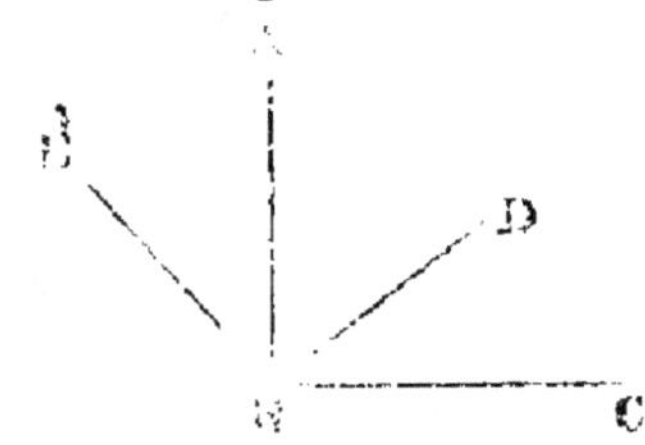

La grandeur d'un angle ne dépend pas de la longueur de ses côtés, mais de leur écartement plus ou moins considérable.

61. Quand une ligne droite **AB** (Fig. 35) en coupe une autre **CD** en un point **P**, les angles opposés au sommet sont égaux ; tels sont les angles **APC** et **DPB** ; il en est de même de **APD** et **CPB**.

Fig. 35.

62. On nomme *angle supplément* d'un autre l'angle qu'il faut ajouter à cet autre pour avoir deux angles droits : tel est l'angle **APD** par rapport à l'angle **DPB** (Fig. 35). Un angle *complé-*

ment d'un autre est l'angle qui, avec cet autre, forme un angle droit : tel est l'angle ABD par rapport à l'angle DBC (Fig. 34).

63. Lorsqu'une ligne droite AB (Fig. 36) en coupe deux autres MN et RS parallèles entre elles, elle forme des angles qui prennent différents noms suivant leur position relative.

Fig. 36.

1°. On nomme *angles correspondants* les angles MOB et RPB situés du même côté de la ligne droite AB (appelée *sécante*) et dont l'ouverture est dirigée dans le même sens.

Les *angles correspondants* sont égaux.

2°. Les *angles alternes externes* sont des angles tels que AOM et SPB situes dans un sens opposé tant par rapport à la *sécante* AB qu'aux parallèles MN et RS.

Les *angles alternes-externes* sont egaux.

3°. On appelle *angles alternes internes* des angles tels que NOB et RPA qui s'ouvrent entre les parallèles MN et RS et dans un sens opposé à la *sécante* AB.

Les *angles alternes internes* sont égaux.

64. La somme des *angles internes* du même côté de la sécante vaut deux angles droits: tels sont MOB et APR ou NOB et SPA. Il en est de même de la somme des *angles externes* situés du même côté de la sécante : tels sont les angles AOM et RPB ou AON et SPB.

65. Dans le cercle, on distingue les angles *inscrits*, — *au centre*, — *extérieurs.*

1°. On nomme *angle inscrit* tout angle CBS (Fig. 37) qui a son sommet en un point B de la circonférence, et dont les côtés sont des cordes.

2°. L'*angle au centre* ROS est celui dont le sommet O est situé au centre du cercle, et dont les côtés RO et OS sont des rayons.

3°. L'*angle extérieur* RDN a son sommet situé au dehors du cercle, et ses côtés RD et DN peuvent être considérés comme des sécantes.

Mesure et construction des Angles.

66. On peut mesurer les angles en les comparant à une quantité de même espèce, c'est-à-dire à un angle d'une grandeur déterminée et connue : cet angle est alors pris pour unité.

Fig. 37.

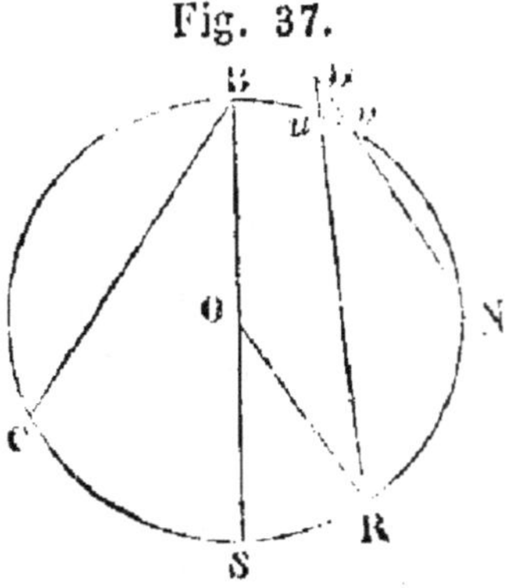

Ainsi, la mesure d'un angle est le nombre de fois que l'angle proposé en contient un autre pris pour unité.

67. La division de la circonférence en 360 degrés ou en 400 grades nous a donné un certain nombre d'unités (*degrés* ou *grades*) pouvant mesurer l'arc compris entre les côtés des angles.

Ainsi, le degré ou le grade est l'unité de la mesure des angles, et l'angle a pour mesure le nombre de degrés ou de grades contenus dans l'arc compris entre ses côtés.

D'après cela, il est facile de comprendre le sens d'un énoncé ainsi conçu : *Tel angle a pour mesure la moitié de l'arc compris entre ses côtés.*

68. Pour mesurer les angles, on fait usage d'un instrument nommé *rapporteur*. On place le centre de l'instrument au sommet et le rayon du diamètre qui sert de base sur l'un des côtés : le second côté correspond à un chiffre du limbe de l'instrument ; ce chiffre indique en degrés la valeur de l'angle.

Angle au centre.

69. L'*angle au centre* a pour mesure l'arc compris entre ses côtés.

Angle inscrit.

70. L'*angle inscrit* a pour mesure la moitié de l'arc compris entre ses côtés.

Angle extérieur.

71. L'*angle extérieur* a pour mesure la moitié de la différence des arcs RN et *uv* situés entre les côtés RD et DN.

APPLICATIONS.

Construire sur une ligne donnée un angle égal à un autre (Fig. 38).

Solution. — Soit l'angle C A B. Pour construire un angle égal à l'angle C A B, on trace une ligne droite indéfinie M N. Du point A comme centre, et d'une ouverture de compas arbitraire, on décrit l'arc *u v*; de la même ouverture et du point M comme centre, on décrit sur M N l'arc arbitraire *r s*, on porte sur *r s* la longueur de l'arc *u v* de *s* en *i* : le point *i* est l'endroit où doit passer le côté M O de l'angle demandé.

Fig. 38.

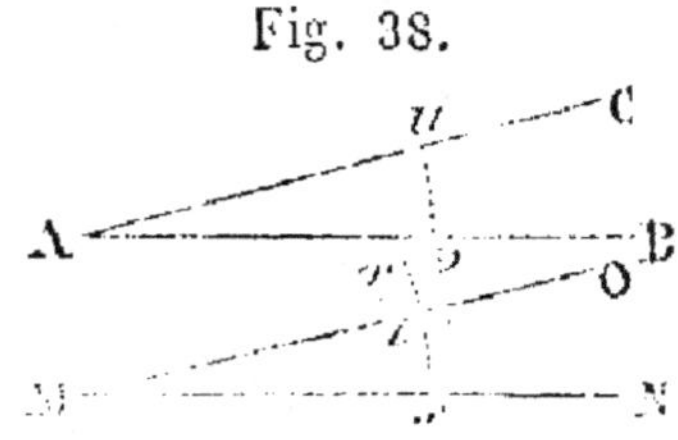

Construire un angle de 58 *degrés* (Fig. 39).

Solution. — Je tire une ligne droite A B, puis je place le centre A du rapporteur sur l'extrémité A de la ligne en faisant coïncider le diamètre de l'instrument avec la ligne A B. Je cherche sur la graduation du rapporteur la division 58 et je marque un point P : ce point indique le passage du second côté A C de l'angle demandé.

Fig. 39.

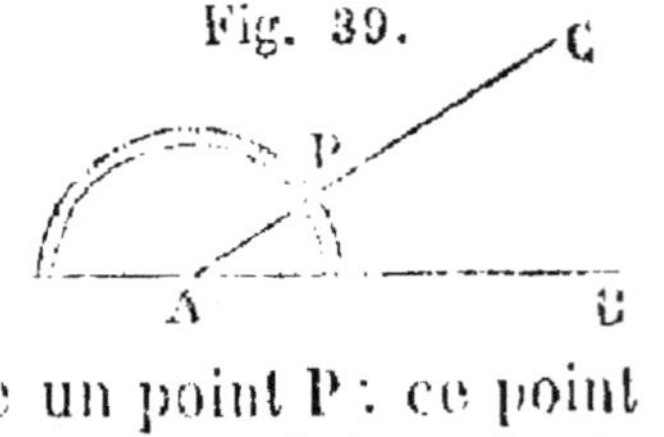

Partager l'angle P R S *en deux parties égales* (Fig. 40).

Solution. — Du sommet R pris comme centre,

avec une ouverture de compas plus petite que les côtés de l'angle, on décrit l'arc *mn*; des points *m* et *n* comme centres on décrit des arcs qui se coupent en *t*; enfin, on tire la ligne R*t*: elle partage l'angle proposé en deux parties égales PR*t* et *t*RS.

Fig. 40.

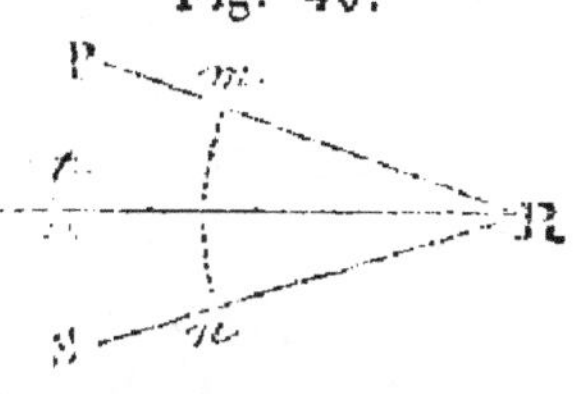

On demande l'angle complément d'un second ayant 27 degrés.

Solution. — La somme des deux angles devant égaler 90 degrés ou un angle droit, l'angle demandé égalera cette somme moins la valeur de l'angle connu, ou 90 — 27 = 63.

L'angle complément d'un angle de 27 degrés aura donc 63 degrés.

Quelle est la valeur d'un angle supplément d'un autre ayant 68 degrés?

Solution. — La somme des deux angles devra égaler 180 degrés, nous aurons l'angle supplément demandé en retranchant 68 de 180 : le résultat 112 exprime en degrés la valeur de l'angle dont il est question.

2° Des Surfaces.

72. Une surface est une étendue qui a deux dimensions, *longueur* et *largeur*.

La *surface plane* (nommée aussi *plan*) est celle sur laquelle on peut supposer une ligne droite capable de la toucher dans tous les sens par chacun de ses points; dans le cas contraire, c'est une *surface courbe.*

73. On nomme *polygone* toute surface terminée par plusieurs lignes (*soit droites, soit courbes*) qui se coupent deux à deux; prises ensemble, ces lignes forment le périmètre du polygone.

74. Les polygones sont *réguliers* ou *irréguliers.*

1°. Le *polygone régulier* est celui dont les côtés et les angles sont égaux entre eux;

2°. Le *polygone irrégulier* est celui dont les angles et les côtés sont inégaux.

Remarque. —Dans un polygone les angles sont *saillants* ou *rentrants.* Les *angles saillants* ont leur ouverture à l'intérieur du polygone; les *angles rentrants* ont la leur à l'extérieur.

75. On divise encore les polygones en *inscrits* et en *circonscrits.*

1°. On nomme *polygone inscrit* celui dont les sommets des angles touchent la circonférence;

2°. Le *polygone circonscrit* est celui dont tous les côtés sont tangents à la circonférence.

76. Les polygones sont désignés par le nombre de leurs côtés. Nous distinguons: 1°. les *triangles*; — 2°. les *quadrilatères*; — 3°. les *pentagones*; — 4°. les *hexagones*; — 5°. les *heptagones*; — 6°. les *octogones*; — 7°. les *ennéagones*; — 8°. les *décagones*: ces polygones ont respectivement *trois*, *quatre*, *cinq*, *six*, *sept*, *huit*, *neuf*, *dix* côtés ; ils sont *réguliers* ou *irréguliers* suivant qu'ils ont ou n'ont pas à la fois des côtés et des angles égaux entre eux.

77. Deux polygones sont *semblables* lorsqu'ils ont les angles égaux chacun à chacun et les côtés homologues proportionnels.

78. Les polygones qui ont plus de dix côtés, se désignent par le nombre de ceux-ci : ainsi, l'on dit un polygone à *onze*, *quinze*, *seize* côtés.

79. La *somme des angles* d'un polygone quelconque égale autant de fois deux angles droits que ce polygone a de côtés moins deux. Ainsi, un pentagone a des angles dont la somme égale $(5 - 2) \times 180$ ou 3 fois les 180 degrés, valeur de deux angles droits.

Cela ne s'entend que des polygones qui ont des angles saillants, c'est-à-dire dont l'ouverture est dirigée en dedans de la figure (1), lorsqu'il y a des angles rentrants, on considère chacun d'eux comme la différence qui manque à l'angle observé pour faire quatre angles droits.

80. En arpentage, il n'y a guère que les *triangles* et les *quadrilatères* qui aient des propriétés utiles. Les autres polygones peuvent

(1) On donne le nom de *figure* à toute surface limitée par des lignes. Les figures sont *rectilignes*, — *curvilignes*, — *mixtilignes*, suivant qu'elles sont terminées par des *lignes droites*, des *lignes courbes*, ou des *lignes droites* et des *lignes courbes*.

toujours être décomposés en triangles et en quadrilatères comme nous le verrons plus loin.

Nous allons étudier les *polygones* en commençant par le *carré*.

1°. DU CARRÉ.

81. Le *carré* est une surface ou un polygone qui a ses côtés égaux et ses angles droits : tel est ABCD (Fig. 41).

82. On nomme *base* d'une figure le côté sur lequel elle paraît reposer ; *hauteur*, la perpendiculaire abaissée sur la base, ou sur son prolongement, d'un point quelconque du côté opposé à cette base.

Fig. 41.

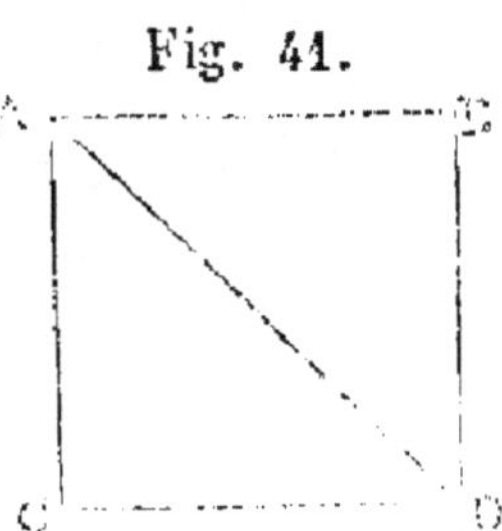

Ainsi, dans la figure 41, CD est une *base*, et CA une hauteur.

83. La *diagonale* est une ligne droite qui, dans un polygone de plus de trois côtés, joint les sommets de deux angles non adjacents : telle est la ligne AD.

Mesures des Surfaces.

84. Règle. — *On mesure une surface en la comparant à une autre surface prise pour unité ou terme de comparaison : cette unité est supposée carrée.*

Ainsi, lorsqu'on dit que la surface d'une figure égale 16 mètres, on exprime qu'il est possible d'appliquer sur cette figure seize fois un carré d'un mètre de côté ; ce qui donne 4 mètres de largeur à chaque dimension de la figure.

85. Pour mesurer une surface, on n'emploie pas une unité ayant les deux dimensions, *longueur* et *largeur ;* mais on en mesure la base et la hauteur au moyen d'une unité linéaire; l'on agit enfin comme nous allons l'indiquer pour chacune des surfaces que nous allons examiner successivement.

Surface du Carré.

86. Règle. — *La surface du* carré *est égale au produit de sa base par sa hauteur, ou au produit de la longueur d'un côté par lui-même.*

Application. — *On demande la surface d'un carré ayant* 16 *mètres de côté.*

Solution. — D'après la règle précédente, j'obtiens la surface du carré proposé en multipliant 16 par 16 ; le résultat 256 exprime en mètres carrés la surface demandée.

Remarque. — Lorsque la longueur du côté d'un carré est exprimée par un nombre décimal, c'est-à-dire par un nombre entier joint à une fraction décimale, on multiplie la longueur trouvée par elle-même pour avoir la surface du carré, et l'on a soin de séparer (au moyen d'une virgule décimale), sur la droite du résultat, autant de chiffres décimaux qu'il y en a dans les deux facteurs: la partie à gauche de la virgule exprime des mètres carrés, si l'on a pris le mètre pour unité; les deux premiers chiffres à la droite indiquent des décimètres carrés, les deux suivants sont les centimètres carrés, et ainsi de suite (1).

2°. DU RECTANGLE.

87. On nomme *rectangle* une surface rectiligne ayant quatre côtés égaux et parallèles deux à deux, et quatre angles droits: tel est ABCD (Fig. 42).

Fig. 42.

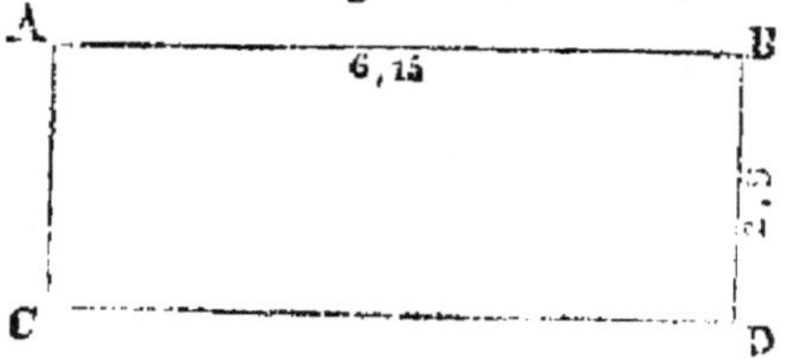

Surface du Rectangle.

88. Règle. — *La surface du rectangle est égale au produit de sa base par sa hauteur.*

Application. — *Quelle est la surface d'un rectangle ayant* 16 *mètres* 25 *centimètres de base et* 5 *mètres* 30 *de hauteur ?*

Solution. — Je multiplie 16,25 par 5,30 sans avoir égard à la virgule : j'obtiens 861250 ; je sépare quatre chiffres sur la droite de ce résultat, et je trouve 86,1250 ou 86 mètres carrés 12 décimètres carrés 50 centimètres carrés pour la surface du rectangle proposé.

Observation.—Nous pouvons maintenant passer à l'étude des *triangles*, figures qui se présentent continuellement dans la pratique ; et

---

(1) Voir notre Cours complet d'Arithmétique élémentaire (page 180, n°. 286) pour la démonstration.

toute figure quelconque peut d'ailleurs se décomposer en *triangles*.

3°. DU TRIANGLE.

89. Le *triangle* est une surface terminée par trois lignes qui se coupent deux à deux ; chacune de ces lignes se nomme *côté* du triangle.

90. Relativement aux angles des triangles, on distingue : — 1°. Le *triangle rectangle* ABC (Fig. 43) qui a un angle droit ; — 2°. Le *triangle acutangle* DEF qui a trois angles aigus ; — 3°. Le *triangle obtusangle* HIK qui a un angle obtus.

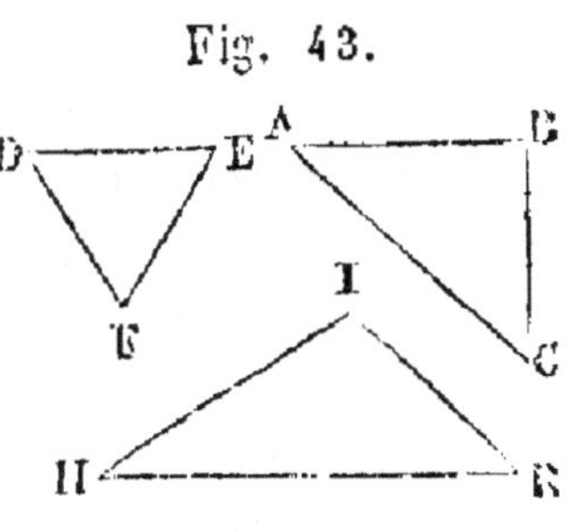

Fig. 43.

Remarque.—Dans un *triangle rectangle* le côté opposé à l'angle droit se nomme *hypoténuse* : tel est le côté AC.

Un *triangle rectangle* ne peut avoir qu'un angle droit ; le *triangle acutangle* peut avoir trois angles aigus ; le *triangle obtusangle* ne peut avoir qu'un angle obtus.

91. Suivant la longueur de leurs côtés, les triangles prennent différents noms. On nomme 1°. *triangle isocèle* celui qui a deux côtés égaux ; — 2°. *triangle équilatéral* celui dont les trois côtés sont égaux ; — 3°. *triangle scalène* celui qui a tous ses côtés inégaux.

Remarque. — Les triangles sont *rectilignes*, —

curvilignes, — *mixtilignes* suivant la nature des lignes qui les terminent.

Valeur des Trois angles d'un Triangle rectiligne.

92. Nous avons vu, page 55, n°. 70, que l'angle inscrit a pour mesure la moitié de l'arc compris entre ses côtés. D'après cela, il est facile de comprendre que les trois angles d'un triangle quelconque valent ensemble 180 degrés, car si nous faisons passer une circonférence par le sommet des trois angles A, B, C du triangle ABC (Fig. 44) nous obtenons trois angles inscrits, et la circonférence est comprise entièrement entre les côtés des trois angles. Mais chacun de ces angles, ayant son sommet à la circonférence, a pour mesure la moitié de l'arc compris entre ses côtés; donc ils ont ensemble pour mesure la moitié des 360 degrés valeur de la circonférence, ou $\frac{360}{2} = 180$ degrés.

Fig. 44.

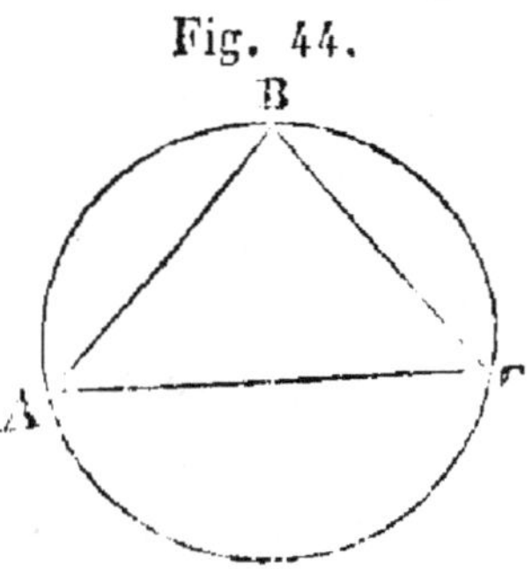

Surface des Triangles.

93. **Règle**. — *La surface du triangle est égale au produit de sa base par la moitié de sa hauteur.*

Remarque. — Il est facile de voir que le triangle est la moitié d'un carré ou d'un parallélogramme de même base et de même hauteur.

Application. — *Quelle est la surface d'un triangle de 21 mètres 16 de base sur 5 mètres 32 de hauteur?*

Solution. — D'après la règle précédente, on multiplie 21,16 par la moitié de 5,32 ou 2,66; on obtient 56,28 ou 56 mètres carrés 28 décimètres carrés.

4°. DU PARALLÉLOGRAMME.

94. On nomme *parallélogramme* ou *rhombe* une surface qui a ses côtés opposés parallèles et égaux deux à deux et qui n'a point d'angle droit: telle est la figure ABCD (Fig. 45).

95. La hauteur d'un parallélogramme est la perpendiculaire AH abaissée sur la base, ou sur son prolongement, d'un point quelconque du côté opposé à cette base.

Fig. 45.

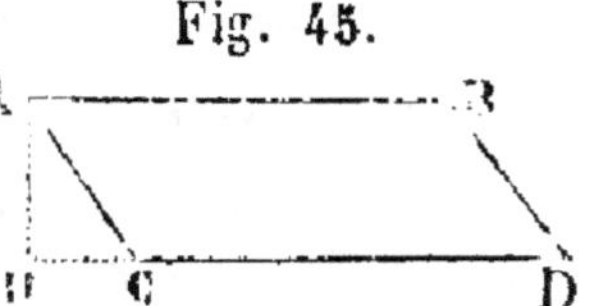

Surface du Parallélogramme.

96. Règle.—*La surface du* parallélogramme *est égale au produit d'un des côtés considéré comme base, par la hauteur ou perpendiculaire abaissée sur la base ou sur son prolongement et partant de l'une des extrémités de l'autre base.*

Application. — *Un parallélogramme a 18 mètres de base sur 9 mètres 35 de hauteur: Quelle est sa surface?*

Solution. — D'après la règle donnée précédemment, je multiplie 18 par 9,35; j'obtiens 168,30 ou 168 mètres carrés 30 décim. carrés.

5°. DE LA LOSANGE.

97. Une *losange* (1) est un parallélogramme dont les quatre côtés sont égaux sans renfermer d'angles droits. Les côtés d'une *losange* sont parallèles deux à deux.

Tout ce qui a été dit précédemment sur le parallélogramme, peut s'appliquer à la *losange*.

6°. DU TRAPÈZE.

98. Le *trapèze* est un polygone de quatre côtés inégaux et dont deux côtés seulement sont parallèles: telle est la figure ABCD (Fig. 46).

99. Les *bases* du trapèze sont les côtés parallèles **AB** et **CD**; la *hauteur* est la perpendiculaire **BE** menée entre les bases.

Fig. 46.

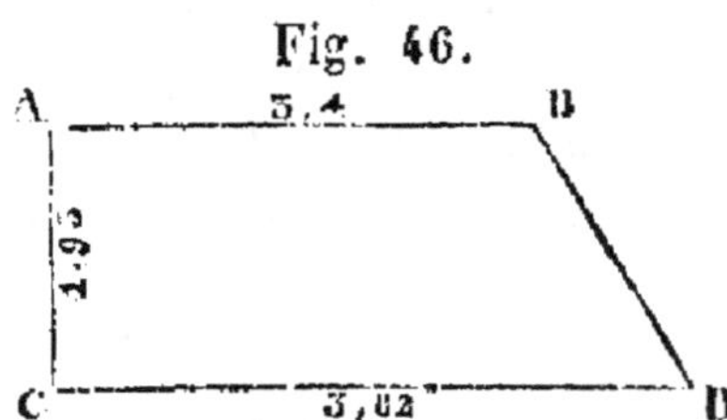

Surface du Trapèze.

100. Règle. — *La surface du* trapèze *est égale à la moitié du produit de la somme des bases par la hauteur.*

---

(1) Le mot *losange* est du genre féminin; on fait donc un solécisme lorsqu'on lui donne le genre masculin. (On doit toujours respecter l'autorité de l'Académie pour le genre des mots comme pour les principes qui les régissent.)

Application. — *Quelle est la surface d'un trapèze ayant 5 mètres 25 pour la première base et 7 mètres 30 pour la seconde, la hauteur étant de 3 mètres 50?*

Solution. — Je fais la somme de la longueur des deux bases ; j'ai 5,25+7,30=12,55; je multiplie 12,55 par 3,50 et je trouve 43,92, dont la moitié égale 21,96 ou 21 mètres carrés 96 décimètres carrés.

7°. DES POLYGONES IRRÉGULIERS ET RÉGULIERS.

101. Le polygone ayant été défini page 58, n°. 73, nous allons examiner la manière de le décomposer pour en évaluer la superficie. Nous examinerons d'abord la règle au moyen de laquelle on obtient la surface du *polygone irrégulier*, puis celle qui donne la surface du *polygone régulier*.

1°. Surface d'un Polygone irrégulier.

102. Règle. — *La surface d'un* polygone irrégulier *s'obtient en décomposant ce polygone en triangles, trapèzes, etc., pour évaluer la superficie de chaque figure en particulier : la somme totale des superficies partielles exprime la surface demandée.*

Application. — *On demande la surface du polygone* ABCDA (Fig. 47).

Solution. — Je décompose le polygone en triangles au moyen de la diagonale AC ; puis je détermine la surface particulière de chacun des triangles ABC et ACD, d'après les principes

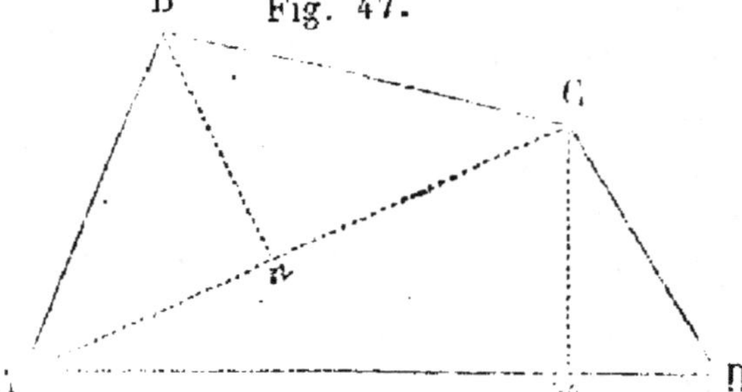

Fig. 47.

donnés précédemment (n°. 93); enfin, je forme la somme totale des surfaces triangulaires: le résultat exprime la surface du polygone proposé.

Autre solution. — Au lieu d'opérer sur le *polygone* comme nous venons de le faire, on peut le décomposer en *trapèzes* et en *triangles rectangles* (Fig. 48).

Ainsi, dans le polygone précédent, considérant le côté AD comme base et abaissant sur

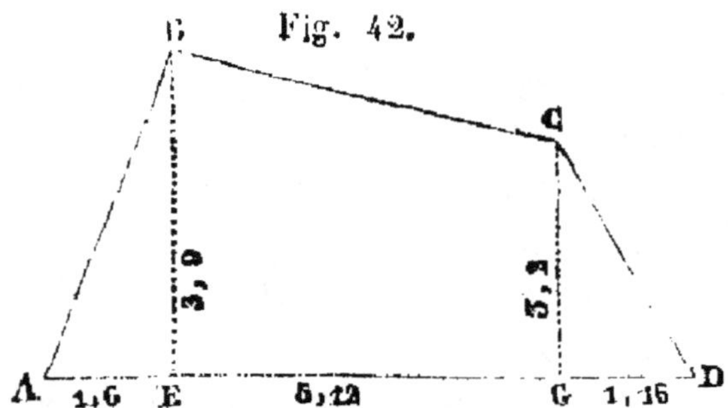

Fig. 42.

cette ba.e les perpendiculaires BE et CG, on obtient les triangles ABE, CGD et le trapèze BEGC, dont on trouve la surface comme nous l'avons déjà indiqué (page 66, n°. 100).

2°. Surface d'un Polygone régulier.

103. Règle. — *On obtient la surface d'un* polygone régulier quelconque *en multipliant la longueur totale de son contour ou périmètre* (c'est-à-dire le nombre des côtés) *par la perpendiculaire abaissée du centre sur le milieu d'un de ces côtés, puis on prend la moitié du produit.*

Application. — *Soit proposé de trouver la surface du polygone* ABCDE (Fig. 49).

Solution. — En tirant des lignes droites partant du point *o*, comme centre, et aboutissant à chaque angle du polygone, on le décompose en cinq triangles égaux. Comme tous les côtes du polygone ont la même longueur et que la hauteur *om* est la même pour chaque triangle, on peut facilement voir que la surface totale du polygone ABCDEA est égale à cinq fois la surface d'un des triangles ou à la surface du triangle A*o*E ; mais A*o*E $= AE \times \frac{om}{2}$; donc la surface du polygone proposé est égale à cinq fois $AE \times \frac{om}{2}$.

Fig. 49.

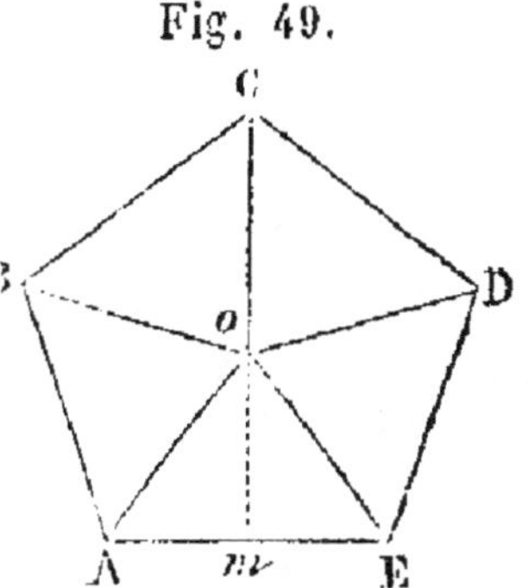

Si AE contient 2 mètres 50, et *om* 2 mètres 10, on aura pour la surface totale demandée $5 \times 5 \times 2,50 \times \frac{2,10}{2} = 13,1250$, c'est-à-dire 13 mèt. carrés 12 décim. carrés 50 centim. carrés.

Remarque. — On peut facilement voir, d'après ce qui précède, qu'un *polygone régulier* quelconque peut être considéré comme un rectangle qui aurait pour base le contour même du polygone, et pour hauteur la moitié de la perpendiculaire partant du centre du polygone et aboutissant au milieu d'un des côtés.

8°. DU CERCLE ET DE SES PARTIES.

104. On nomme *cercle* la surface renfermée par la circonférence : d'où l'on voit que le *cercle* est la surface enveloppée, et la *circonférence* la ligne enveloppante.

105. Certaines portions du cercle prennent différents noms :

1°. Le *secteur* est la portion **C o B** (Fig. 50) de la surface d'un cercle comprise entre les deux rayons **C o** et **o B** et l'arc **C B**.

Fig. 50

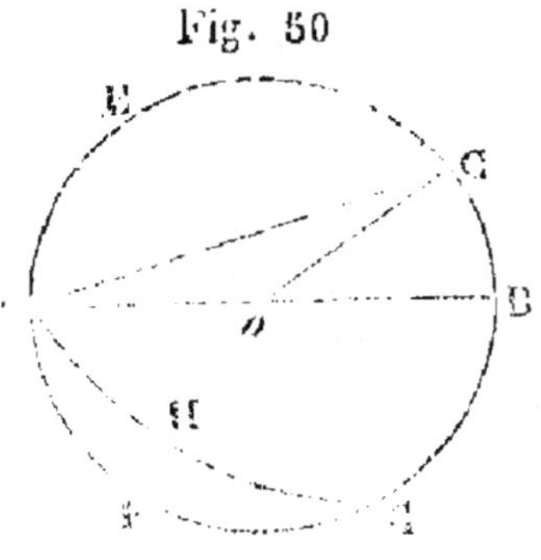

2°. On nomme *segment* la portion **A o C** de la surface d'un cercle comprise entre l'arc **A E C** et la corde **A C** qui le soustend.

3°. La *lunule* ou *croissant* est la portion **A H G F A** de la surface d'un cercle comprise entre les deux arcs de cercle **A H G** et **A F G** qui se coupent à leurs extrémités **A** et **G**.

Surfaces du Cercle, — du Secteur et du Segment.

106. 1re **Règle.** — *La surface du* cercle *est égale à la moitié du produit de la longueur de la circonférence par le rayon,— ou bien en faisant le carré du rayon et le multipliant par le rapport* 3,1416.

Application. — *On demande la surface d'un cercle de 7 mètres 50 centimètres de rayon.*

1re Solution. — Le rayon étant de 7,50, le diamètre du même cercle égalera 2 × 7,50 ou 15 mètres. Pour avoir la longueur de la circonférence, je multiplie 15 par le rapport 3,1416 et j'obtiens 47 mètres 124.

En multipliant 47,124 par la moitié du rayon 7,50 ou par 3,75, je trouve 176 mètres carrés 61 décimètres carrés (*à moins d'un demi-décimètre carré près*).

2e Solution. — J'élève au carré le rayon de la circonférence, ce qui donne 7,50 × 7,50 = 56,25, que je multiplie par le rapport 3,1416, et j'ai 56,25 × 3,1416 = 176,615 ou 176 mèt. carrés 615 décim. carrés (*à un décim. carré près*), résultat identique à celui de la solution précédente.

107. 2e **Règle.** — *La surface d'un* secteur *est égale à la moitié du produit de la longueur de l'arc par le rayon.*

Application. — *Un secteur a 2 mètres 50 pour la longueur du rayon et 120 degrés pour l'angle qui le contient : Quelle est sa surface ?*

Solution. — Je cherche la circonférence dont l'arc du secteur fait partie, et je trouve 2,50 × 2 = 5 mètres pour le diamètre.

La circonférence égalera 5 × 3,1416 ou 15 mètres 708.

L'angle donné, ayant 120 degrés, il est le tiers de 360 ou de la circonférence totale, et en divisant la longueur 15,708 par 3, on aura la longueur de l'arc du secteur.

Le tiers de 15,708 égale 5 mètres 236 et la surface du secteur égalera $\frac{5,236 \times 2,50}{2}$ ou 6 mèt. carrés 55 décimètres carrés (*à moins d'un décimètre carré près*).

108. 3e **Règle.** — *La surface du* segment *s'obtient en prenant la différence du triangle* A o C (Fig. 50) *au secteur* A o C E A.

On obtient encore la surface d'un *segment* en multipliant la moitié du rayon par la différence qui existe entre l'arc qui lui sert de base et la corde qui sous-tendrait un arc double.

Remarque. — La surface d'un *segment*, plus grand qu'un demi-cercle, s'obtient en multipliant la moitié du rayon par la somme de l'arc et de la corde qui sous-tendrait un arc égal au double de l'arc donné moins 360 degrés.

Quant à la surface d'une *couronne*, on l'obtient en l'obtient en faisant la différence de la surface des deux circonférences concentriques.

CHAPITRE X.

THÉORÈMES SUR LES SURFACES.

1er **Théorème.** — Deux triangles sont égaux, lorsqu'ils ont un angle égal compris entre deux côtés égaux chacun à chacun.

2e **Théorème.** — Deux triangles sont égaux, lorsqu'ils ont un côté égal adjacent à deux angles égaux chacun à chacun.

3e **Théorème.** — Deux triangles sont semblables lorsqu'ils ont leurs angles égaux chacun à chacun.

4e **Théorème.** — Deux triangles sont semblables lorsqu'ils ont les côtés parallèles chacun à chacun.

5e **Théorème.** — Tout parallélogramme est équivalent à un rectangle de même base et de même hauteur.

6e **Théorème.** — Tout triangle est équivalent à un rectangle de même base et d'une hauteur égale à la moitié de celle du triangle.

7e **Théorème.** — Deux rectangles de même hauteur sont entre eux comme leurs bases.

8e **Théorème.** — Tout trapèze est équivalent à un parallélogramme d'une hauteur et d'une base égale à la demi-somme des bases du trapèze.

9e **Théorème.** — Le carré fait sur l'hypothénuse d'un triangle rectangle, est égal à la somme des carrés faits sur les deux autres côtés.

10e **Théorème.** —Deux polygones semblables peuvent toujours être décomposés en un même nombre de triangles semblables, chacun à chacun, et semblablement placés.

11e **Théorème.** — Deux polygones réguliers d'un même nombre de côtés sont deux figures semblables.

12e **Théorème.** — Les circonférences des cercles sont entre elles comme les rayons, et leurs surfaces comme les carrés des rayons.

13e **Théorème.** — L'aire du cercle est égale au produit de sa circonférence par la moitié du rayon.

14e **Théorème.** —Les périmètres ou contours de deux polygones semblables sont entre eux comme deux côtés, et, par conséquent, comme deux lignes homologues quelconques de ces polygones.

15e **Théorème.** — Les périmètres des polygones réguliers d'un même nombre de côtés sont entre eux comme les rayons des cercles circonscrits, et aussi comme les rayons des cercles inscrits.

FIN DE LA DEUXIÈME PARTIE.

GÉOMÉTRIE.

TROISIÈME PARTIE.

DES VOLUMES.

CHAPITRE XI.

109. On nomme *volume* (*corps* ou *solide*) tout ce qui réunit les trois dimensions, c'est-à-dire la *longueur*, la *largeur*, l'*épaisseur* ou *profondeur*.

110. Les *polyèdres* sont des solides terminés par des surfaces planes. On en distingue cinq principaux, ce sont : le *prisme*, le *cylindre*, la *pyramide*, le *cône*, la *sphère*.

Étudions chacun de ces polyèdres en particulier avec tous les développements qui s'y rattachent.

DU PRISME.

111. Le *prisme* (Fig. 51) est un solide dont les bases opposées ABC et DEF sont des polygones égaux et parallèles, et dont les côtés ou faces latérales sont des parallélogrammes.

On distingue les *prismes triangulaires*, *quadrangulaires*, *pentagones*, etc. suivant que les bases sont des *triangles*, des *carrés*, des *pentagones*, etc. En général, on donne le nom de *parallélipipèdes* aux prismes dont les polygones des bases sont des parallélogrammes ; le nom de *cube* est donné en particulier au parallélipipède dont les bases sont des carrés égaux.

Fig. 51.

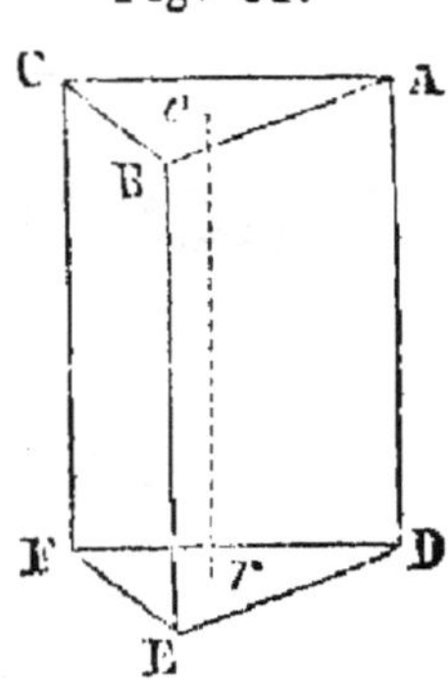

112. Un *prisme* est *droit* lorsque ses arêtes sont perpendiculaires à sa base, alors les arêtes sont égales en longueur ; dans le cas contraire, c'est-à-dire quand les arêtes sont de longueurs inégales, le *prisme* est *oblique*.

113. L'*axe* d'un corps est la ligne droite menée de la base supérieure au centre de la base inférieure : telle est la ligne OR. On nomme *hauteur* toute ligne droite tirée perpendiculairement d'un point de la base supérieure sur la base inférieure ou sur le plan prolongé de cette base. Enfin, les arêtes des corps sont les lignes où se réunissent les faces latérales.

Observation. — Nous allons examiner successivement les règles au moyen desquelles on obtient la *surface* et le *volume* des solides et nous présenterons une application relative à chacune de ces règles.

1°. Surface du Prisme.

114. Règle. — *La surface latérale d'un prisme s'obtient en multipliant la longueur d'une arête par le contour ou périmètre d'une section faite perpendiculairement à cette arête.*

Remarque. — Si l'on veut connaître la surface totale de ce volume, on ajoute au résultat obtenu par la règle précédente, la surface des deux bases qu'il est facile de déterminer au moyen de la règle donnée pour trouver la surface des polygones.

Application. — *Un prisme droit triangulaire a 4 mètres 50 de haut, 2 mètres 25 pour les côtés des triangles équilatéraux qui lui servent de bases, et 2 mètres pour hauteur de ces triangles : Quelle est la surface latérale et la surface totale de ce prisme ?*

Solution. — Je cherche d'abord la surface latérale de ce prisme : pour l'obtenir je multiplie le contour ou périmètre, c'est-à-dire $2,25 \times 3$ ou 6,75 par la longueur d'une arête ou hauteur 4,50 : j'obtiens $6,75 \times 4,50$ ou 30,3750. La surface latérale du prisme est donc 30 mètres carrés 37 décim. carrés 50 centim. carrés. On obtient la surface totale du prisme en ajoutant à 30,3750 la surface des deux triangles qui servent de bases; on aura donc pour la surface de ces triangles 2 fois $\frac{2,25 \times 2}{2}$ ou 4 mètres carrés 50 décim. carrés ; donc la surface totale demandée est 30,3750 + 4,50 ou 34 mètres carrés 37 décim. carrés 50 centim. carrés.

2°. Volume du Prisme.

115. Règle. — *Le volume du* prisme droit ou oblique *s'obtient en multipliant la surface d'une de ses bases par la hauteur.*

Application. — *Quel sera le volume du prisme triangulaire dont nous avons parlé dans l'application qui précède?*

Solution. — D'après la règle donnée plus haut, je multiplie la surface d'une des bases ou 4 mètres 50 décim. carrés par la hauteur 4,50 du prisme et je trouve 20,250 ou 20 mètres cubes 250 décim. cubes.

DU CYLINDRE.

116. Le *cylindre* (Fig. 52) est un solide dont les bases sont des cercles égaux et parallèles.

Fig. 52.

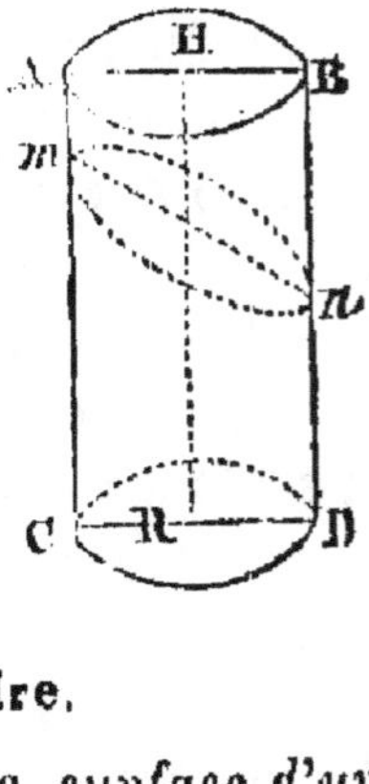

117. Un cylindre peut être droit ou oblique suivant la direction de ses côtés relativement à la base.

118. On nomme *cylindre tronqué* le solide dont la base supérieure *mn* n'est pas perpendiculaire au côté *n*D.

1°. Surface du Cylindre.

119. Règle. — *On obtient la surface d'un* cylindre (droit ou oblique) *en multipliant l* *hauteur par le contour d'une section faite perpendiculairement à ce côté.*

Remarque.—Lorsque le cylindre est tronqué, c'est-à-dire lorsque les bases ne sont pas parallèles, il faut prendre la hauteur moyenne ; quant aux bases, l'une est une ellipse et l'autre un cercle dont on peut avoir la surface par les procédés (n°. 106).

Application. — *Quelle est la surface d'un cylindre droit ayant 5 mètres de haut si le rayon du cercle de la base a 35 centimètres ?*

Solution. — On obtient la circonférence de la base en multipliant le diamètre (0,35 + 0,35) ou 0,70 par 3,1416 et l'on trouve 2 mètres 199 millimètres.

La surface latérale égalera donc 2,199 × 5 ou 10,995, c'est-à-dire 10 mètres carrés 99 décimètres carrés 50 centimètres carrés.

2°. Volume du Cylindre.

120. Règle. — *Le volume du* cylindre (droit ou oblique) *s'obtient en multipliant la surface de sa base par sa hauteur.*

Application.—*On demande le volume d'un cylindre ayant les mêmes dimensions que celui dont nous avons parlé dans l'application précédente.*

Solution. — Ayant trouvé 2 mètres 199 millimètres pour la longueur de la circonférence de la base, je détermine la surface de cette base en multipliant 2,199 par la moitié du rayon 0,35 ;

j'ai donc $\frac{0{\cdot}35 \times 2{\cdot}199}{2}$ ou 0,38489, c'est-à-dire 38 décimètres carrés 48 centimètres carrés. Si l'on multiplie 0,3848 par la hauteur 5 mètres, on trouvera 0,3848 × 5 = 1,924240 ou 1 mètre cubes 924 décim. cubes 240 centim. cubes pour le volume du cylindre dont il est question.

DE LA PYRAMIDE.

121. La *pyramide* est un solide (Fig. 53) dont la base est un polygone rectiligne quelconque (*triangle*, *carré*, *pentagone*, etc.) dont les surfaces latérales sont des triangles qui se réunissent à un sommet commun E nommé *pointe* de la pyramide.

Fig. 53.

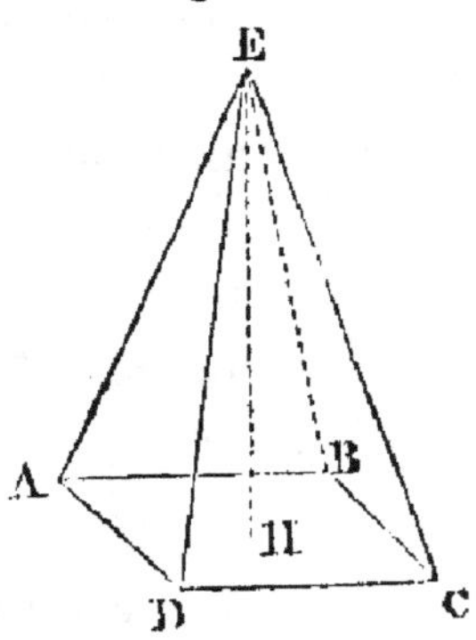

On nomme *hauteur* de la pyramide la perpendiculaire EH abaissée du sommet sur la base.

Les pyramides sont *droites*, *obliques* ou *tronquées*.

1°. Surface de la Pyramide.

122. **Règle**. — *La surface latérale de la pyramide droite s'obtient en multipliant le contour de la base par la moitié de la hauteur de l'un quelconque des triangles qui la terminent latéralement.*

Remarque. — On obtient la surface d'une *pyramide oblique* en évaluant séparément la surface des triangles qui constituent ses faces, et en faisant la somme totale des résultats.

Quant à la surface de la *pyramide tronquée*, nous n'en parlerons pas ici ; nous renvoyons les *Lecteurs* à nos LEÇONS NORMALES DE GÉOMÉTRIE.

APPLICATION. — *On demande la surface d'une pyramide triangulaire dont la longueur d'un des trois côtés de la base est de 5 mètres, et la hauteur d'un des triangles* 10 *mètres* 50.

SOLUTION. — La longueur d'un des côtés de la base étant de 5 mètres, le contour de cette base sera 5 × 3 ou 15 mètres. Multipliant 15 par la moitié de 10,50 ou par 5,25, je trouve 78 mètres carrés 75 décim. carrés pour produit ou surface demandée.

2°. Volume de la Pyramide.

123. RÈGLE. — *On obtient le volume de la* pyramide *en multipliant la surface de la base par le tiers de sa hauteur perpendiculaire.*

REMARQUE. — Pour le volume de la *pyramide tronquée*, voir nos LEÇONS NORMALES DE GÉOMÉTRIE ou notre TRAITÉ COMPLET DU MÉTRÉ GÉOMÉTRIQUE.

APPLICATION. — *Quel est le volume d'une pyramide ayant* 18 *mètres de haut et dont la base triangulaire a* 6 *mètres sur chaque côté, ce qui forme pour cette base un triangle équilatéral de* 5 *mètres* 2 *décimètres de hauteur ?*

SOLUTION. — J'obtiens la surface de la base en multipliant 6 par 5,2, ce qui donne 31,2 dont la moitié égale 15,6 ou 15 mètres carrés 60 décimètres carrés.

Pour obtenir le volume, je multiplie 15,6 par le tiers de 18 ou par 6 et j'obtiens $15,6 \times 6 = 93,6$ ou 93 mètres cubes 600 décimètres cubes.

DU CONE.

124. Un *cône* peut être considéré comme une pyramide (Fig. 54) ayant pour base un polygone d'un nombre infini de côtés et dont, par conséquent, la face latérale (qui est courbe) contient un nombre infini de triangles se réunissant par leur sommet à un même point.

Fig. 54.

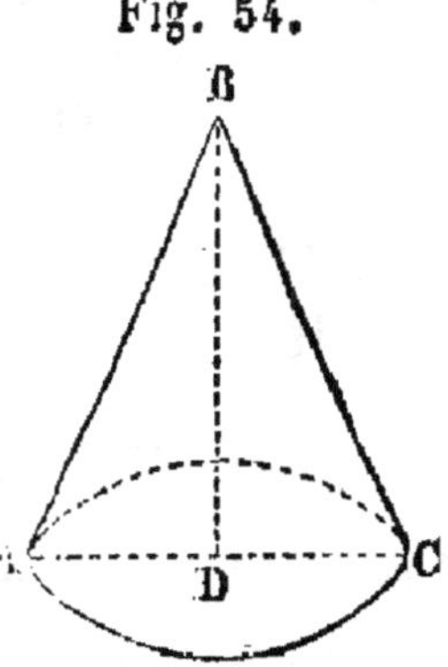

1°. Surface du Cône.

125. RÈGLE. — *On obtient la surface laterale du* cône *en multipliant la longueur de la circonférence, qui lui sert de base, par la moitié de la longueur du côté.*

REMARQUE. — Nous ne parlerons pas ici de la surface du *cône tronqué*, nous renvoyons nos *Lecteurs* à notre ouvrage sur la GÉOMÉTRIE qui traite de ces diverses questions.

APPLICATION. — *Quelle est la surface d'un cône qui a 5 mètres 60 pour la hauteur du côté et*

25 mètres 133 millimètres pour la longueur de la circonférence qui lui sert de base ?

SOLUTION. — J'obtiens la surface en multipliant 25,133 par la moitié de 5,60 ou par 2,80; ce qui donne 70 mètres carrés 37 décimètres carrés 24 centimètres carrés.

2°. Volume du Cône.

126. RÈGLE. — *Le volume d'un* cône *s'obtient en multipliant la surface de sa base par le tiers de la hauteur.*

REMARQUE. — Nous n'indiquerons pas dans ces éléments le procédé au moyen duquel on peut obtenir le volume d'un *cône tronqué ;* nous renvoyons les élèves à notre volume spécial de GÉOMÉTRIE.

APPLICATION. — *On demande le volume d'un cône dont la hauteur du côté est de 9 mètres 60, et la circonférence de la base de 18 mètres 8496.*

SOLUTION. — J'obtiens la surface de la base en multipliant 18 mètres 8496 par le diamètre 6 (qu'il est facile de trouver, connaissant la longueur de la circonférence) et je prends le quart du résultat 113,0976 ce qui donne alors 28 mètres carrés 27 décimètres carrés 44 centimètres carrés.

En multipliant 28,2744 par le tiers de 9,60 ou par 3,20, je trouve 90 mètres cubes 478 décim. cubes 080 centim. cubes pour le volume du cône proposé.

DE LA SPHÈRE.

127. La *sphère* est un solide terminé par une surface courbe et dont tous les points sont également éloignés d'un point intérieur C appelé centre.

128. On nomme *axe* de la sphère une droite ACB (Fig. 55) qui la traverse en passant par le centre; les *pôles* sont les extrémités A et B de l'axe; les *grands cercles* sont les lignes DGFID ou AFBDA dont les plans passant par le centre de la sphère; les *petits cercles* sont ceux dont les plans ne passent pas par le centre.

Fig. 55.

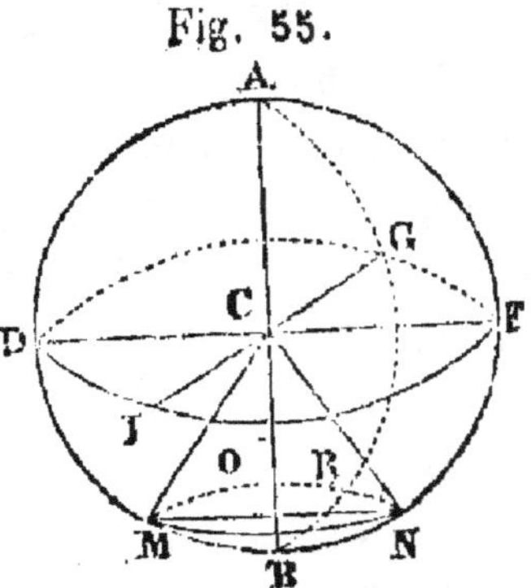

129. Les *zones* sont les parties de la surface d'une sphère comprises entre les circonférences de deux cercles (*grands ou petits*) dont les plans sont parallèles. La *hauteur d'une zone* est la distance comprise entre les plans des deux cercles qui déterminent cette zone. Ainsi, la surface comprise entre les deux cercles DGFID et MORNM est une zone, et la distance DM en est la hauteur.

1°. Surface de la Sphère.

130. **Règle.** — *La surface de la* sphère *s'obtient en multipliant la longueur de la circonfé-*

rence de l'un de ses grands cercles par le diamètre ou axe de cette sphère.

Remarque. — Nous ne parlons pas ici des éléments de la sphère, tels que le *segment sphérique*, le *fuseau sphérique*, etc., etc. Nous en parlerons avec de très-grands développements dans nos Leçons normales de Géométrie.

Application. — *Une sphère a 0 mètre 60 de diamètre intérieur : Quelle est sa surface?*

Solution. — Pour trouver le grand cercle, je multiplie 0,60 par 3,1416, je trouve 1,88496 ; en multipliant ce nombre par le diamètre, 0,60 j'obtiens 1 mètre carré 13 décim. carrés 10 centim. carrés pour la surface demandée.

2°. Volume de la Sphère.

131. Règle. — *Pour trouver le volume d'une* sphère, *on multiplie la surface de cette sphère par le tiers du rayon.*

Remarque. — Dans un ouvrage spécial, nous donnons les règles au moyen desquelles on parvient à trouver le volume des parties constituantes d'une sphère, telles que *secteur sphérique, onglet sphérique*, etc., etc.

Application. — *Le diamètre d'une sphère est égal à 12 mètres : On demande le volume de cette sphère.*

Solution. — Pour avoir le plus grand cercle, je multiplie 12 par 3,1416 et je trouve 37,6992 ou 37 mètres 699 ; en multipliant 37,699 par le diamètre 12 je trouve 452 mètres carrés 38 décimètres carrés 80 centimètres carrés.

Si je multiplie 452,388 par le sixième du diamètre 12, ou ce qui revient au même par le tiers du rayon 6 ou 2, je trouve enfin 904 mètres cubes 776 décimètres cubes pour le volume demandé.

DES POLYÈDRES RÉGULIERS.

132. Dans la sphère, on considère les cinq polyèdres ou solides suivants :

1°. Le *tétraèdre*, qui est un solide présentant la surface de quatre triangles équilatéraux ;

2°. L'*hexaèdre*, ayant six carrés égaux pour surface ;

3°. L'*octaèdre*, dont la surface présente huit triangles équilatéraux ;

4°. Le *dodécaèdre*, ayant pour surface douze pentagones égaux et réguliers ;

5°. L'*icosaèdre*, qui est un solide présentant une surface de vingt triangles équilatéraux.

1°. Surface des Polyèdres réguliers.

133. Règle. — *On obtient la surface des* polyèdres réguliers *en évaluant la superficie de l'une des faces et en répétant le résultat autant de fois qu'il y a de faces dans le polyèdre.*

2°. Volume des Polyèdres réguliers.

134. Règle. — *Le volume d'un* polyèdre régulier *s'obtient en multipliant la somme des faces* *qu'il présente par le tiers de son rayon.* (Ce rayon est la perpendiculaire abaissée du centre du polyèdre sur le milieu de l'une de ses faces.)

DES CORPS IRRÉGULIERS.

1°. Surface des Corps irréguliers.

135. Pour obtenir la surface d'un corps irrégulier, on décompose la surface totale en *triangles*, *trapèzes*, *carrés* dont on détermine la surface particulière : la somme de toutes les surfaces partielles exprime la surface totale du corps proposé.

2°. Volume des Corps irréguliers.

136. On obtient le volume d'un corps irrégulier, comme un *fruit*, une *pierre*, un *fagot*, en le plongeant dans un vase plein d'eau et d'une grandeur proportionnelle à l'objet que l'on veut mesurer : l'eau qui s'échappe, étant recueillie, donne exactement le volume du corps.

Ce procédé est employé lorsqu'il s'agit de corps d'une étendue peu considérable.

Quand le corps est d'une grande dimension comme un *groupe sculpté*, une *statue*, etc., on le place dans une caisse en bois d'une forme géométrique connue, puis on complète avec de l'eau ou du sable, afin de remplir les vides : le volume du sable qu'on a introduit dans la caisse, retranché du volume intérieur de cette caisse, donne le volume réel de l'objet.

CHAPITRE XII.

THÉORÈMES SUR LES VOLUMES.

1er Théorème. — Deux prismes sont égaux, quand ils ont une base et une face égale chacune à chacune, également inclinées et semblablement placées.

2e Théorème. — Dans tout parallélipipède les faces opposées sont égales et parallèles.

3e Théorème. — Tout prisme oblique est équivalent à un prisme droit ayant mêmes arêtes latérales, et dont la base serait une section faite perpendiculairement à ces arêtes.

4e Théorème. — Tout prisme triangulaire est la moitié d'un parallélipipède construit sur l'un des angles trièdres de ce prisme.

5e Théorème. — Tout parallélipipède peut être transformé en un parallélipipède droit équivalent, ayant même base et même hauteur.

6e Théorème. — Deux pyramides sont égales, quand elles ont des bases égales, une face égale et également inclinée sur le plan respectif de ces bases, et de plus semblablement placée.

FIN DE LA TROISIÈME PARTIE.

QUESTIONNAIRE GÉNÉRAL.

PREMIÈRE PARTIE.

CHAPITRE PREMIER.

NOTIONS PRÉLIMINAIRES.

Qu'est-ce que la *Géométrie?* 1. — Qu'appelle-t-on *étendue?* 2. — Comment nomme-t-on l'étendue qui a *une dimension*, — *deux dimensions*, — *trois dimensions?* 3. — Qu'est-ce qu'une *ligne* et comment la divise-t-on? 4. — Combien distingue-t-on de sortes de *lignes?* 5. — Qu'est-ce que la *ligne droite?* 6. — Qu'est-ce que la *ligne courbe?* 7. — Que nomme-t-on *ligne brisée*, — *brisée rectiligne*, — *brisée mixtiligne*, — *brisée curviligne?* 8. — Combien distingue-t-on encore de sortes de *lignes* relativement à la position que ces lignes peuvent avoir dans l'espace? 9. — Qu'est-ce qu'une *ligne perpendiculaire* et quelle remarque fait-on sur la *ligne verticale?* 10. — Qu'appelle-on *lignes parallèles,* et comment peut-on en mesurer la distance entre elles? 11. — Qu'est-ce qu'une *sécante?* 12. — Que nomme-t-on ligne *droite déterminée*, et ligne *droite indéterminée?* 13. — Qu'entend-on par *circonférence*, — *centre*, — *diamètre*, — *rayon*, — *tangente*, — *point de contact*, — *corde* ou *sous-tendante*, —

arc de cercle, — *flèche*, — *sécante*, — *ordonnée*, — *abscisse?* 14.

CHAPITRE II.

DES TERMES ET DES SIGNES EMPLOYÉS EN GÉOMÉTRIE.

1°. TERMES.

Quels sont les *termes* employés en géométrie? 15. — Qu'est-ce qu'un *axiome*, et quels sont les principaux *axiomes*, — un *principe*, — une *proposition*, et les *parties* qui s'y rapportent, — une *réciproque*, — un *théorème*, — un *problème*, un *lemme*, — un *corollaire*, — un *scolie*, — une *hypothèse?*

2°. DES SIGNES.

Quels sont les principaux *signes* employés en géométrie, — quelle est leur *figure*, leur *signification?* 16.

CHAPITRE III.

PROBLÈMES SUR LES DIVERSES ESPÈCES DE LIGNES.

1°. LIGNES PERPENDICULAIRES.

Procédé pour élever une Perpendiculaire sur une ligne droite.

Combien se présente-t-il de *cas* pour élever une *ligne perpendiculaire* sur une *ligne donnée?* 17. — Comment élève-t-on une *ligne perpendiculaire* sur un point donné? (1er CAS.) — Comment abaisse-t-on une *ligne perpendiculaire* sur une ligne d'un point donné hors de cette ligne ? (2e CAS.) — Comment élève-t-on une *ligne perpendiculaire* à l'extrémité d'une ligne droite, et quels en sont les divers *procédés?* (3e CAS.) — Comment peut-on encore abaisser une *ligne perpendiculaire* sur une ligne droite donnée ? 18.

2°. LIGNES PARALLÈLES.

Quels sont les divers *procédés* employés pour mener une ligne parallèle à une ligne donnée ? 19. — Comment peut-on abaisser une ou plusieurs *parallèles* sur une ligne droite donnée ? 20. — Comment mène-t-on une *parallèle* à un *arc* dont le centre du cercle auquel cet arc appartient est connu ? 21.

CHAPITRE IV.

DIVISION DES LIGNES.

Comment partage-t-on une *ligne droite* en deux parties égales ? 22. — Quels sont les divers procédés employés pour partager une *ligne droite* en un nombre quelconque de parties égales ? 23.

CHAPITRE V.

DE LA CIRCONFÉRENCE.

1°. RAPPORT DE LA CIRCONFÉRENCE AU DIAMÈTRE ET RÉCIPROQUEMENT.

Si l'on porte la longueur d'un *diamètre* sur la longueur de la *circonférence*, à laquelle ce diamètre appartient, qu'en résultera-t-il? 24.—Quel est le rapport trouvé par ARCHIMÈDE? 25.— Quel est le rapport trouvé par MÉTIUS? 26.—Comment écrit-on le rapport de MÉTIUS de la circonférence au diamètre et du diamètre à la circonférence? 27. — Quelle *règle* suit-on pour trouver la longueur d'une *circonférence*, connaissant la longueur de son diamètre? 29. — Quelle *règle* suit-on pour trouver la longueur du *diamètre*, connaissant la longueur de la circonférence à laquelle ce diamètre appartient? 30 (APPLICATION).

2°. DIVISION DE LA CIRCONFÉRENCE EN DEGRÉS, MINUTES ET SECONDES.

Comment divise-t-on la *circonférence?* 31.— Quelle est la *division* de la circonférence qu'on devrait préférer, mais qu'on abandonne aujourd'hui? 32. — En combien de parties divise-t-on la *circonférence* dans la *division centigrade?* 33. — Comment nomme-t-on le *quart* d'une circonférence? 34.—Comment indique-t-on, en abrégé, les *degrés*, *minutes* et *secondes?* 35.

3°. DIVISION DE LA CIRCONFÉRENCE EN DIVERSES PARTIES ÉGALES.

Quel est le procédé *graphique* employé pour partager une circonférence en *sept*, — *quatorze*, — *quinze* parties égales? 37. — Quel procédé *graphique* emploie-t-on pour partager une circonférence en *neuf*, — *treize*, — *dix-neuf*, — *vingt* parties égales? 39. — Comment partage-t-on la circonférence en *dix-sept* parties égales? **40.** — Comment peut-on trouver le *centre* d'un cercle? **41.**

CHAPITRE VI.

DE L'OVALE. — DE L'ELLIPSE. — DE LA SPIRALE.

Qu'est-ce qu'un *ovale?* 42. — Combien distingue-t-on de sortes d'*ovales?* 43. — Qu'est-ce que l'*ovale régulier?* 44. — Qu'est-ce que l'*ovale irrégulier?* 45. — Quel procédé emploie-t-on pour tracer l'*ovale régulier* et l'*ovale irrégulier?* 46. — Que distingue-t-on dans l'*ovale?* 47. — Comment trace-t-on l'*ovoïde?* 48. — Qu'appelle-t-on *ellipse?* 49. — Qu'appelle-t-on *axes de l'ellipse?* 50. — Comment mesure-t-on le *grand axe de l'ellipse?* 51. — Que nomme-t-on *foyers de l'ellipse?* 52. — Comment trace-t-on une *ellipse?* 54. — Qu'est-ce qu'une *spirale?* 55. — Comment trace-t-on une *spirale?* 56.

CHAPITRE VII.

DES LIGNES PROPORTIONNELLES.

Qu'appelle-t-on *lignes proportionnelles?* 57. — Quels sont les principaux *problèmes* relatifs aux lignes proportionnelles? 58.

CHAPITRE VIII.

THÉORÈMES SUR LES LIGNES.

Énoncez les dix principaux *théorèmes* sur les LIGNES.

DEUXIÈME PARTIE.

CHAPITRE IX.

DES ANGLES.

Qu'est-ce qu'un *angle*, et comment le désigne-t-on? 59. — Quels *noms* donne-t-on aux angles suivant l'écartement de leurs côtés? 60.— Que forment *deux lignes* qui se coupent en un point? 61. — Qu'appelle-t-on *angles suppléments d'un autre*, et qu'est-ce qu'un *angle complément d'un autre?* 62. — Que forme une *ligne droite* qui en coupe deux autres parallèles entre elles? 63. — Quelle est la *valeur des angles internes* du même côté de la sécante, et quelle est *celle des angles externes* situés du même côté de la sécante? 64. —Quels *angles* distingue-t-on dans le cercle? 65. — Comment *mesure-t-on* les angles? 66. — Quel *usage* fait-on de la *division de la circonference?* 67. — Quel est l'*usage du rapporteur?* 68. — Quelle est la *mesure de l'angle au centre?* 69. — Quelle est la *mesure de l'angle inscrit?* 70. — Quelle est la *mesure de l'angle extérieur?* 71. — Qu'est-ce qu'une *surface?* 72. — Qu'appelle-t-on *polygone?* 73. — Qu'appelle-t-on *polygone régulier, — irrégulier?* 74. — Qu'appelle-t-on *polygone inscrit, — circonscrit?* 75. — Comment désigne-t-on les *polygones?* 76. — Qu'appelle-t-on *polygones sem-*

blables? 77. — Comment désigne-t-on les *polygones* qui ont plus de dix côtés? 78. — A quoi est égale la *somme des angles* d'un polygone quelconque? 79. — De quelles *figures* s'occupe-t-on principalement en arpentage? 80. — Qu'est-ce que le *carré?* 81. — Qu'appelle-t-on *base* et *hauteur* d'un trapèze? 82. — Qu'appelle-t-on *diagonale?* 83. — Comment mesure-t-on une *surface?* 84. — De quelle *unité* fait-on usage pour mesurer une surface? 85. — Comment obtient-on la *surface d'un carré?* 86. — Qu'est-ce qu'un *rectangle?* 87. — Comment obtient-on la *surface du rectangle?* 88. — Qu'est-ce qu'un *triangle?* 89. — Quels *triangles* considère-t-on relativement aux angles compris dans ces figures? 90. — Quels *triangles* considère-t-on relativement à la longueur des côtés? 91. — Quelle est la *valeur* des trois angles d'un triangle? 92. — Comment obtient-on la *surface d'un triangle?* 93. — Qu'est-ce qu'un *parallélogramme?* 94. — Qu'est-ce que la *hauteur* d'un parallélogramme? 95. — Comment obtient-on la *surface d'un parallélogramme?* 96. — Qu'est-ce qu'une *losange?* 97. — Qu'est-ce qu'un *trapèze?* 98. — Comment obtient-on la *surface d'un trapèze?* 100. — Comment obtient-on la *surface d'un polygone irrégulier?* 102. — Comment obtient-on la *surface d'un polygone regulier?* 103. — Qu'est-ce qu'un *cercle?* 104. — Quels noms donne-t-on à *certaines portions du cercle?* 105. — Comment obtient-on la *surface du cercle?* 106.

— Comment obtient-on la *surface du secteur?* 107. — Comment obtient-on la *surface du segment?* 108.

CHAPITRE X.

THÉORÈMES SUR LES SURFACES.

Énoncez les quinze principaux *théorèmes* sur les SURFACES.

TROISIEME PARTIE.

CHAPITRE XI.

Qu'appelle-t-on *volume?* 109. — Qu'est-ce qu'un *polyèdre?* 110. — Qu'est-ce qu'un *prisme?* 111. — Qu'est-ce qu'un *prisme droit?* 114. — Comment obtient-on le *volume d'un prisme?* 115. — Qu'est-ce qu'un *cylindre?* 116. — Qu'est-ce qu'un *cylindre droit, — oblique?* 117. — Qu'est-ce qu'un *cylindre tronqué?* 118. — Comment obtient-on la *surface d'un cylindre?* 119. — Comment obtient-on le *volume d'un cylindre?* 120. — Qu'est-ce qu'une *pyramide?* 121. — Comment obtient-on la *surface latérale d'une pyramide droite?* 122. — Comment obtient-on le *volume d'une pyramide?* 123. — Qu'est-ce qu'un *cône?* 124. — Comment obtient-on la surface du *cône?* 125. — Comment obtient-on le *volume du cône?* 126. — Qu'est-ce que la *sphère?* 127. — Qu'appelle-t-on *axe d'une sphère?* 128. — Qu'appelle-t-on *zone?* 129. — Comment obtient-on la *surface de la sphère?* 130. — Comment obtient-on le *volume de la sphère?* 131. — Quels sont les *polyèdres* considérés dans la sphère? 132. — Comment obtient-on la *surface des polyèdres réguliers?* 133. — Comment obtient-on le *volume d'un polyèdre régulier?* 134. — Comment obtient-on la *surface d'un corps irrégulier?* 135. — Comment obtient-on le *volume d'un corps irrégulier?* 136.

CHAPITRE XII.

THÉORÈMES SUR LES VOLUMES.

Énoncez les six principaux *théorèmes* sur les VOLUMES.

OBSERVATION. — Nous terminons ici ce que nous avions à traiter sur la Géométrie dans cet ouvrage; nous pensons pouvoir offrir un petit volume dans lequel les jeunes élèves trouveront les principes les plus importants de cette science, et dont ils pourront tirer parti dans les divers usages de la vie, et ces premiers éléments peuvent les préparer à une étude plus développée.

SUPPLÉMENT.

Observation. — Nous allons offrir une intéressante série d'Applications dont on fait souvent usage en Géométrie ; ces Applications donnent à l'élève une idée exacte de quelques constructions graphiques employées en Arpentage et en Géodésie.

On nomme *figure*, en géométrie, la représentation des *lignes*, des *surfaces* et des *volumes*, en un mot la manière d'être qui caractérise en particulier chacun des objets pris dans la nature, ou provenant de l'industrie des hommes.

Les figures peuvent être *semblables*, — *identiques*, — *symétriques*, — *équivalentes*.

1°. Des figures sont *semblables*, lorsqu'elles ont exactement la même forme, la même disposition dans leurs parties homogènes, ou des dimensions proportionnelles entre ces dernières.

2°. Les *figures identiques* sont celles qui, étant comparées entre elles, présentent l'unité parfaite de dimension, de forme et de position ; dans ce cas, on les nomme aussi *coïncidentes*, puisque l'une peut occuper, par la superposition, précisément le même espace que l'autre.

3°. On appelle *figures symétriques* les figures égales en dimensions, mais présentant une inclinaison contraire qui les empêche alors de coïncider. La symétrie de figure ne convient qu'aux volumes.

4°. Des figures sont *équivalentes* lorsque, sans avoir la même forme, elles ont une surface égale.

Nous allons examiner quelques questions sur les transformations graphiques de certaines figures en d'autres qui leur sont équivalentes en surface.

1°. Transformation des Figures en d'autres équivalentes.

1re **Question.** — *Transformer un pentagone en un quadrilatère équivalent.*

Solution. — Soit le pentagone ABCDEA (Fig. 56). Je prolonge l'un des côtés, le côté DC, par exemple, je tire la diagonale CA, et par un point B je mène FB parallèle à la diagonale CA. De l'angle A je mène la ligne AF, qui devient l'un des côtés du quadrilatère demandé ou de AFDEA.

Fig. 56.

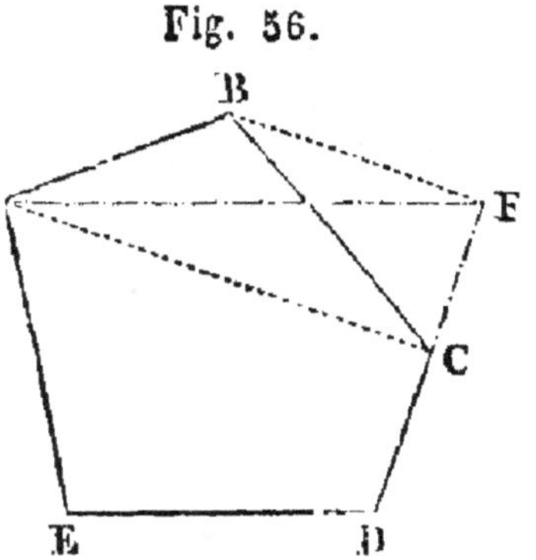

Ainsi, le quadrilatère AFDE égale en surface le pentagone ABCDE. (*Voir nos* Leçons normales de Géométrie *pour la démonstration de ce procédé et de ceux qui suivent.*)

2e **Question.** — *Transformer un pentagone dans lequel il y a un angle rentrant en un quadrilatère équivalent.*

Solution. — Soit le pentagone ABCDEA. (Fig. 57). Je commence par joindre les angles saillants AD, par l'angle rentrant E, je mène la parallèle EF, et je tire la ligne AF, qui est le quatrième côté du quadrilatère ABCFA demandé.

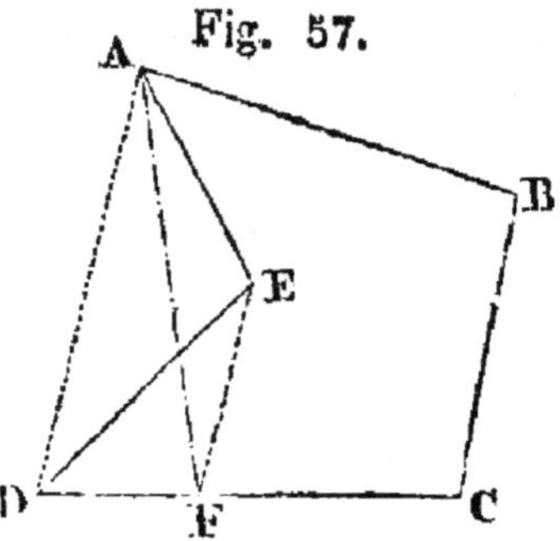

Fig. 57.

3ᵉ Question. — *Transformer un polygone quelconque en un triangle équivalent.*

Solution. — On obtiendra le triangle demandé en faisant perdre successivement un de ses côtés au polygone proposé jusqu'à ce qu'il soit réduit à n'avoir plus que trois côtés. Soit le polygone ABCDEA (Fig. 58). Je commence par lui faire perdre le côté AE ; pour cela, je tire la diagonale BE, et je mène à cette diagonale, et par le point A, la parallèle AF qui rencontre en F le côté

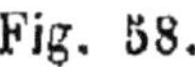
Fig. 58.

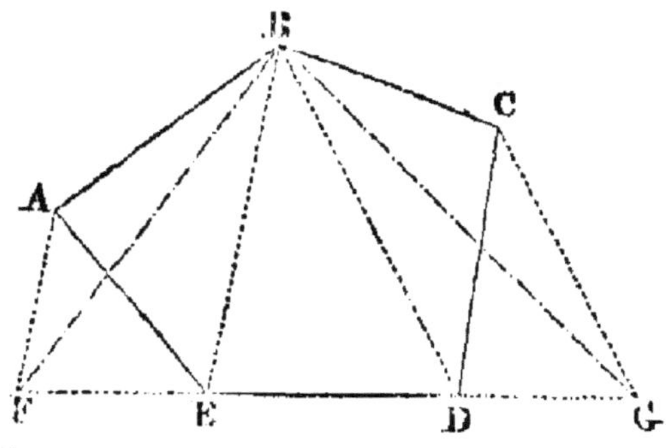

DE prolongé ; je tire BF, et j'obtiens le polygone FBCDF égal au polygone ABCDEA. Pour lui faire perdre le côté CD, je prolonge ED; je tire la diagonale BD, et du point C je mène à BD la parallèle CG; je tire BG, qui est le troisième côté du triangle FBGF demandé.

4e Question. — *Transformer un hexagone en un heptagone équivalent.*

Solution. — De même qu'on peut diminuer le nombre des côtés d'un polygone pour avoir un autre polygone d'une superficie équivalente, on peut aussi augmenter le nombre de ces côtés. Soit l'hexagone ABCDEFA (Fig. 59). Je joins par une diagonale un angle quelconque, A par exemple, à un point quelconque H de la ligne BC; par le point B je mène BO parallèle à la ligne AH, et d'un point quelconque G de cette parallèle, je tire les lignes GA et GH : le polygone AGHCDEFA est équivalent en superficie au polygone proposé ABCDEFA. On peut, par ce procédé, augmenter indéfiniment le nombre des côtés d'un polygone quelconque, sans altérer sa valeur, ce qui est d'une grande utilité en arpentage pour la division des superficies.

Fig. 59.

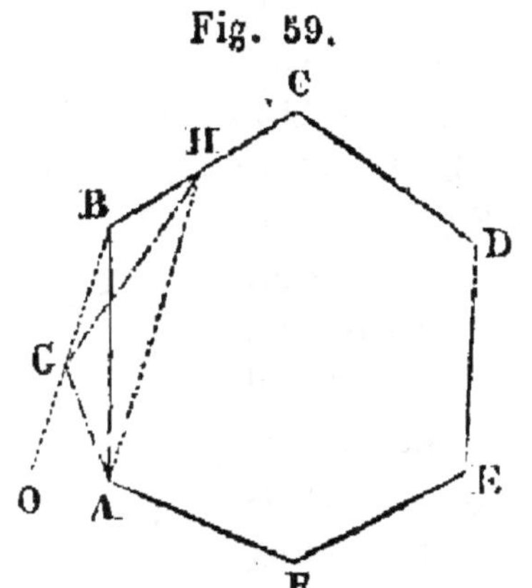

5ᵉ QUESTION. — *Transformer un triangle quelconque en un triangle rectangle équivalent.*

SOLUTION. — Soit le triangle proposé ABD (Fig. 60). A l'une des extrémités D de la base AD j'élève une perpendiculaire DE égale à la hauteur BC du triangle donné, et du point E je tire EA : le triangle rectangle AED égale le triangle ABD.

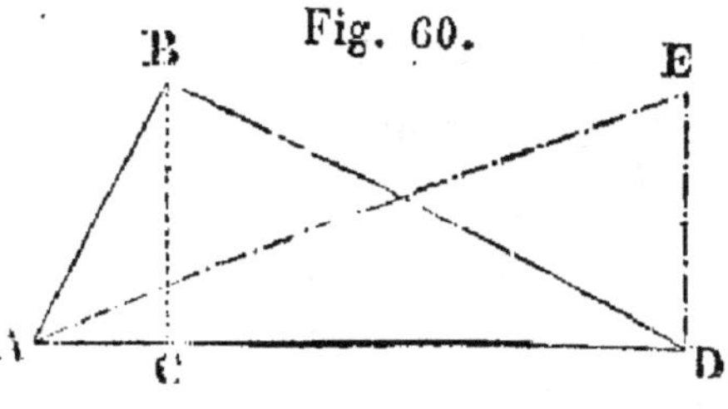

Fig. 60.

6ᵉ QUESTION. — *Transformer un triangle rectangle en un parallélogramme rectangle.*

SOLUTION. — Soit le triangle rectangle ABC (Fig. 61). On prend la moitié de la hauteur AB de B en D; on élève en C une perpendiculaire CE et l'on porte la longueur BD de C en F : la ligne DF est le quatrième côté du parallélogramme demandé.

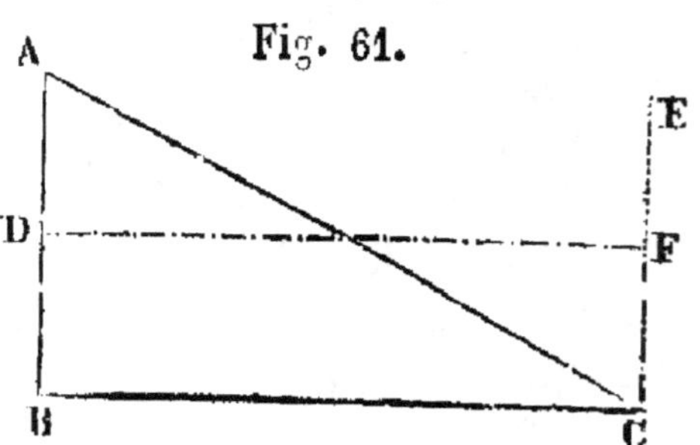

Fig. 61.

Réciproquement, pour réduire un parallélogramme rectangle en triangle rectangle, on double la hauteur du rectangle, et de l'extrémité de cette hauteur on tire l'hypoténuse qui aboutit à l'autre point de la base.

7e Question. — *Transformer un triangle en un carré équivalent.*

Solution. — On cherche une moyenne proportionnelle (n°. 58) entre la base et la moitié de la hauteur : cette moyenne proportionnelle est le côté du carré qu'il est facile de construire.

Si l'on voulait transformer un carré en un triangle équivalent, on donnerait au triangle une base double de celle du carré, et une hauteur égale à celle de ce même carré.

8e Question. — *Transformer un trapèze en un triangle équivalent.*

Solution.— Soit le trapèze ABCDA (Fig. 62). Je prolonge la base AD de D en E d'une longueur égale à BC, et je tire les lignes AC et CE : le triangle ACEA égale le trapèze ABCDA.

Fig. 62.

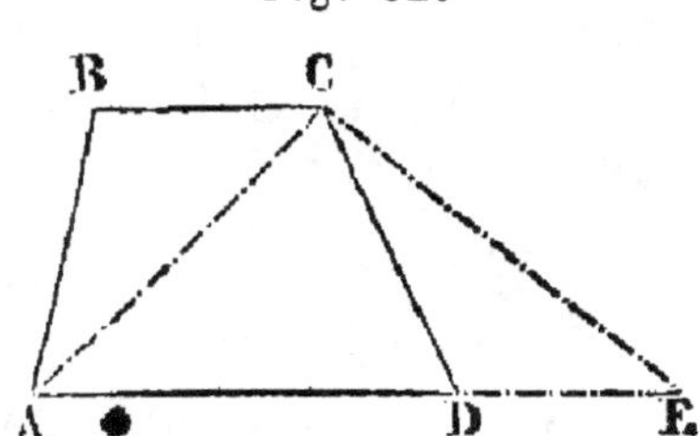

On peut ramener ce triangle à un triangle rectangle par le procédé suivi par la solution de la cinquième question; et pour transformer un triangle quelconque en un trapèze équivalent, on formera une construction qui décompose celle que je viens d'indiquer.

9e Question. — *Transformer un parallélogramme quelconque en un carré équivalent.*

Solution. — On cherche une moyenne proportionnelle (n°. 58) entre la base et la hauteur du parallélogramme : cette moyenne proportionnelle est le côté du carré demandé.

10e **Question.** — *Transformer un polygone régulier quelconque en un triangle.*

Solution. — Soit l'hexagone ABCDEF (Fig. 63). Je prolonge la base AF de A en G, et je

Fig. 63.

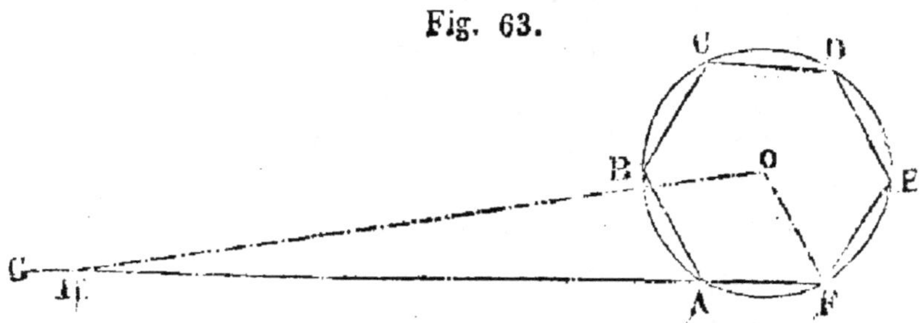

porte sur cette longueur arbitraire cinq fois la longueur AF, ce qui fait sur FG six fois AF ; je joins OF et OH et le triangle FOH égale le polygone proposé.

11e **Question.** — *Transformer un cercle en un triangle équivalent.*

Solution. — On calcule la longueur de la circonférence, connaissant celle du diamètre du cercle proposé, et l'on forme un triangle dont la base égale la longueur de la circonférence, et dont la hauteur soit égale au rayon du cercle : on a un triangle équivalent au cercle proposé.

12e **Question.** — *Transformer un cercle en un carré équivalent.*

Solution. — On cherche une moyenne proportionnelle entre la moitié du rayon et la longueur de la circonférence : cette moyenne proportionnelle est égale au côté du carré demandé (1).

2°. Poids spécifiques des Corps les plus importants.

Observation. — Comme il existe un grand nombre de corps dont il n'est pas possible d'apprécier le poids avec des balances, il a fallu recourir à la géométrie pour cette évaluation.

On commence d'abord par cuber le corps dont il s'agit, puis l'on multiplie le résultat par le poids de l'unité de volume de ce corps : on obtient alors le poids total de l'objet.

Si, par exemple, un cheval seul peut, en moyenne, traîner 1000 kilogrammes, on peut demander combien il faut de chevaux pour traîner un bloc de marbre ayant 3 mètres 25 de longueur sur 1 mètre 80 de largeur et 1 mètre 20 d'épaisseur.

Pour résoudre cette question, il faut d'abord chercher le volume du bloc de marbre, puis connaître le poids du mètre cube du corps.

Nous avons indiqué, n°. 115, la règle à suivre pour avoir le volume du *prisme ;* il suffit donc de multiplier l'une par l'autre les trois dimensions, c'est-à-dire 3,25 par 1,80 et par 1,20. Le résultat 7 mètres cubes 20 décimètres cubes indique le volume du bloc proposé.

---

(1) Voir le volume intitulé : Récréations scientifiques article intitulé : *Quadrature du cercle.*

On sait, d'après l'expérience, que le mètre cube de marbre pèse 2760 kilogrammes; si l'on multiplie le volume total du bloc de marbre par 2760, on obtient 19375 kilogr. 200 millièmes pour le poids du bloc entier. Comme un cheval peut traîner 1000 kilogrammes, en divisant 19375,200 par 1000, on obtient pour résultat 19 et pour reste 375 kilogr. Il faudra donc 20 chevaux pour traîner le bloc dont il est question.

On voit, par ce qui précède, que le mode d'évaluation des poids de certaines substances nécessite la connaissance du poids de l'unité de volume du corps considéré. Généralement, on adopte pour cette unité le poids du décimètre cube d'eau distillée, car le décimètre d'eau distillée pèse 1 kilogramme.

Pour obtenir en kilogr. le poids du décimètre cube d'un corps quelconque, il faut déterminer combien le poids de ce décimètre contient de fois celui du décimètre cube d'eau distillée. Il est évident que le nombre de fois demandé égale celui que donneraient les poids de deux volumes quelconques (mais égaux toutefois) des mêmes substances.

Ainsi, pour savoir en kilogramme, le poids du décimètre cube d'un corps donné, il faut chercher combien le poids d'un volume quelconque de ce corps contient de fois le poids du même volume d'eau distillée, et nous avons indiqué dans l'ouvrage de PHYSIQUE les différentes méthodes au moyen desquelles on peut déterminer ce résultat.

Le poids d'un décimètre cube est ce que l'on nomme POIDS SPÉCIFIQUE du corps (1), c'est-à-dire le poids qui le spécifie, qui le caractérise, enfin qui le distingue des autres.

Nous indiquons dans le tableau suivant le *poids spécifique* des corps les plus importants; ces poids ont été déterminés avec la plus grande précision. Nous ajoutons aussi le *poids spécifique* de certaines substances; ce dernier poids n'est qu'approximatif, mais l'approximation suffit dans la pratique.

Dans le tableau suivant l'EAU est considérée comme l'unité de poids pour les *solides* et les *liquides;* les *gaz* ont l'AIR pour l'unité de poids.

Ainsi, l'eau pesant 1, sous un certain volume, le bronze pèsera 8 fois et 8 dixièmes de fois autant que l'eau sous le même volume. Soit l'eau pour 1 kilogramme, le bronze pèsera 8 kilogr. 800 grammes; il en est de même pour d'autres substances.

1°. MÉTAUX.

		Poids spécifiques.
PLATINE.	laminé	22,0690
	forgé	20,3366
	purifié	19,5000
OR	forgé	19,3617
	fondu	19,2581
MERCURE (à 0°)		13,5980
PLOMB (fondu)		11,3523

(1) Le *poids spécifique* des corps se nomme aussi *densité.*

	Poids spécifiques.
ARGENT (fondu)	10,4743
BRONZE	8,8000
CUIVRE (rouge) fondu	8,7880
LAITON (cuivre jaune)	8,3900
ACIER (non écroui)	7,8163
FER (en barre)	7,7880
FER (fondu)	7,2070
ETAIN (fondu)	7,2914
ZINC (fondu)	6,8610

2°. BOIS

COEUR DE CHÊNE	1,170
HÊTRE	0,852
FRÊNE	0,845
IF et AULNE	0,800
POMMIER	0,733
CERISIER	0,715
POIRIER	0,661
SAPIN BLANC	0,650
SAPIN JAUNE	0,557
NOISETIER et TILLEUL	0,604
BUIS DE FRANCE	0,910
CYPRÈS	0,598
CÈDRE	0,561
PEUPLIER (ordinaire)	0,383
LIÉGE	0,240
ORME	0,800

3°. SUBSTANCES DIVERSES.

RUBIS ORIENTAL	4,2833
SAPHIR ORIENTAL	3,9941
DIAMANTS (les plus lourds)	3,5310
FLINT-GLASS	3,3293
MARBRE (blanc)	2,7400
MARBRE (de Paros)	2,8376

	Poids spécifiques.
Granit	2,9000
Granit (rosé).	2,7600
Verre (blanc).	2,4882
Porcelaine (de Chine)	2,3847
Porcelaine (de Sèvres).	2,1457
Globe terrestre (densité moyenne). . . .	5,5
Grès.	2,4300
Craie	2,300
Sel (commun)	1,9200
Terre (végétale).	1,4000
Ivoire.	1,9170
Sable (pur).	1,9000
Albatre	1,8740
Brique	1,8500
Pierre a batir (en moyenne).	2,0000
Sucre (raffiné).	1,6000
Houille (compacte)	1,3292
Poudre (de guerre).	0,95
Meules (de moulin)	2,484
Glace (eau gelée)	0,930
Potassium	0,8651
Cire.	0,955
Beurre	0,942
Lard.	0,948

4°. LIQUIDES.

Acide sulfurique	1,8409
Acide azotique	1,2175
Lait.	1,0300
Eau de mer.	1,0263
Eau distillée	1,0000
Vin de Bordeaux.	0,9939
Vin de Bourgogne.	0,9915
Huile de navette.	0,919

	Poids spécifiques.
Huile d'olives	0,9153
Huile de lin	0,9400
Alcool absolu	0,792
Ether sulfurique	0.7155

5°. GAZ.

Chlore	2,470
Acide carbonique	1,5245
Oxigène	1,1026
Air	1,0000
Azote	0,976
Hydrogène	0,0688

Remarque. — On peut maintenant comprendre l'usage de cette table, en observant le poids spécifique d'un corps quelconque. Ainsi, nous savons que le décimètre cube d'eau pèse 1 kilogramme, et que le mètre cube pèse 1000 kilogrammes ; donc, si l'on demandait le poids d'un mètre cube de mercure, comme nous voyons par la table qu'un décimètre cube pèse 13 kilogrammes 598, il serait facile d'avoir le poids d'un mètre cube, en multipliant 13,598 par 1000 : le résultat égale 13,598 kilogrammes.

Soit proposé de trouver le poids d'un mètre cube de terre végétale. On multipliera 1,40 (poids spécifique du décimètre cube) par 1000; le produit 1400 kilogrammes exprimera le poids demandé.

Qu'il soit proposé de déterminer le poids d'une pièce de bois en cœur de chêne, ayant 9 mètres cubes 12 décimètres cubes. On commencera par convertir 9,012 en décimètres cubes, ce qui donnera 9,012 décimètres cubes ; puis on multipliera 9,012 par 1,17 (poids spécifique du décimètre cube) : le résultat 10,544,04 ou 10,544 kilogrammes 40 grammes sera le poids demandé.

Enfin, on peut (sans balance) calculer le poids d'un corps quelconque de forme géométrique, si l'on connaît le poids spécifique du décimètre cube de ce corps.

3°. Problèmes divers sur la Géométrie.

Observation. — Nous allons donner ici quelques problèmes suivis de leurs solutions raisonnées; ces problèmes serviront de récapitulation générale, et ils fortifieront les élèves sur les principes que nous avons développés dans les trois parties de cet ouvrage.

1er problème. — *Un rectangle a 286 mètres 50 de base et 34 mètres 25 de hauteur : Quelle en est la surface?*

Solution. — Je multiplie la base 286,50 par 34,25 ; j'obtiens 9712,6250, ou 9712 mètres carrés 62 décimètres carrés 50 centimètres carrés pour la surface demandée.

2e problème. — *Le bassin d'un jardin a 21 mètres 16 pour diamètre : Quelle en est la surface?*

Solution. — Je commence par déterminer la longueur de la circonférence du bassin ; j'obtiens cette longueur en multipliant 21,16 par 3,1416, ce qui donne 66,476256 ou 66 mètres 476 (à moins d'un millimètre près); je multiplie ensuite 66,476 par le quart du diamètre 21,16, ou par 5,29 ; le résultat 351,6680 ou 351 mètres carrés 67 décimètres carrés expriment la surface du bassin.

3ᵉ **PROBLÈME.** — *On nous assure qu'en Amérique il existe un arbre* (acajou) *qui a 24 mètres 50 de circonférence : Quel est le diamètre de cet arbre?*

SOLUTION. — Pour trouver le diamètre, connaissant la longueur de la circonférence, on divise cette dernière ou 24,50 par le rapport 3,1416 : on obtient 7,79 ou 7 mètres 79 centim.

Le diamètre demandé égale 7 mètres 79 cent.

4ᵉ **PROBLÈME.** — *Le toit d'une maison présente la figure d'un trapèze ayant pour bases parallèles* 37 *mètres* 25 *et* 45 *mètres* 70. *La hauteur de ce trapèze* (mesurée sur le toit dans la direction de la pente, et perpendiculairement aux deux bases), *égale* 11 *mètres* 30 : *Quelle est la surface de ce toit ?*

SOLUTION. — Je fais la somme de deux bases parallèles; j'obtiens 37,25+45,70 ou 82,95, je prends la moitié de 82,95, ce qui donne 41,47. Je multiplie 41,47 par 11,30, et je trouve 468,6110, c'est-à-dire 468 mètres carrés 61 décimètres carrés 10 centimètres carrés.

La surface du toit égale 468 mètres carrés 61 décimètres carrés 10 centimètres carrés.

5e **PROBLÈME.** — *On fait peindre deux colonnes dans l'intérieur d'un temple, la colonne J.·. et la colonne B.·.: Combien dépensera-t-on, sachant que chacune de ces colonnes a 18 mètres de haut sur 6 mètres de circonférence et que le prix du mètre carré est de 1 fr. 50 c.*

SOLUTION. — La superficie d'une colonne peut être considérée comme celle d'un rectangle ayant pour *base* la hauteur de la colonne et pour *largeur* la circonférence moyenne de cette même colonne. Je multiplie la hauteur 18 par la largeur 6 et je trouve 108 ou 108 mètres carrés. Je multiplie 108 par 1 fr. 50 et je trouve 162. Le prix pour la peinture d'une colonne est 162 fr.

Pour deux colonnes on paiera 324 fr.

6e **PROBLÈME.** — *Un cultivateur veut faire creuser une mare qui doit avoir 37 mètres de longueur, 26 mètres de largeur et 2 mètres 50 de profondeur moyenne : Combien dépensera-t-il s'il paie 0 fr. 25 par mètre cube extrait ?*

SOLUTION. — Je multiplie les trois dimensions l'une par l'autre et je trouve $37 \times 26 \times 2{,}50$ ou 2405 mètres cubes. Comme le mètre cube est payé à raison de 0 fr. 25, je multiplie 2405 par 0,25 et je trouve 601 fr. 25 pour la somme à dépenser.

7e **PROBLÈME.** *Dans un jardin, il existe un parterre ayant la forme d'une ellipse dont les axes sont 70 mètres et 42 mètres : Quelle est la surface de ce parterre ?*

SOLUTION. — Je multiplie 70 par 42 ; je trouve 2940. Je multiplie 2940 par 3,1416, ce qui donne 9236,3040. Enfin, je prends le quart de 9236,3040 et j'obtiens 2309,0760 ou 2309 mètres carrés 7 décimètres carrés 60 centimètres carrés pour la surface de l'ellipse proposée.

8e **PROBLÈME.** — *Quelle est la quantité de gaz hydrogène bicarbonné contenue dans un gazomètre cylindrique ayant 5 mètres 50 de haut et 8 mètres de diamètre ?*

SOLUTION. — Je forme la surface de la base; je multiplie 8 par 3,1416, ce qui donne 25 mètres 133 de circonférence ; je multiplie 25,133 par 2 (qui est le quart des diamètres), et je trouve 50,266 ou 50 mètres carrés 26 décimètres carrés 60 centimètres carrés. Enfin, je multiplie 50,266 par la hauteur 5,50, j'obtiens 276 mètres cubes 463 décimètres cubes pour la capacité du gazomètre.

9e **PROBLÈME.**— *Un artiste, voulant connaître le poids d'une statue en marbre blanc sans faire usage de balance, la plongea dans un vase cubique plein d'eau. Il s'échappa une certaine quantité d'eau, et la statue étant retirée, le vide qui* *se produisit présenta les dimensions suivantes : longueur et largeur, 3 mètres 50 ; profondeur, 1 mètre 85 : Quel est le poids de cette statue?*

Solution. — Je commence par déterminer le volume de la statue. Ce volume peut se calculer au moyen des dimensions du vide qui s'est produit dans le vase plein d'eau où on a plongé la statue. Je multiplie donc l'une par l'autre les trois dimensions du vide, j'ai 3,50 × 3,50 × 1,85 ou 22 mètres cubes 662 décimètres cubes 500 centimètres cubes. D'après la table des poids spécifiques des substances, le décimètre cube de marbre blanc pèse 2,71 ; je multiplie donc 22662,5 par 2,71 et je trouve 61415 kilogrammes 375 grammes pour le poids de la statue.

10e problème. — *Une bombe devant être lancée, on a besoin d'en déterminer le poids, sachant qu'elle a 0 mètre 70 de diamètre, 0,025 d'épaisseur pour ses parois et qu'elle est complètement remplie de poudre de guerre.*

Solution. — Je commence par calculer le volume de la bombe, comme si elle était pleine (en fonte), et je forme d'abord la surface de cette bombe d'après la règle relative à la sphère. Pour y parvenir, je détermine la longueur de la circonférence de son plus grand cercle en multipliant 0,70 par 3,1416 et j'obtiens 2,199. Je multiplie 2,199 par 0,70 pour avoir la surface, et je trouve 1,5393 ou 1 mètre carré 53 décimètres carrés 93 centimètres carrés. Enfin, je multiplie 1,5393 par le rayon 0,35 et je prends le tiers du résultat : ce qui donne 0,179585 ou 179 décimètres cubes 585 centimètres cubes pour le volume de la sphère.

La sphère étant creuse, il faut retrancher la masse de fonte qui correspond au vide et le résultat exprimera la quantité de fonte qui forme la bombe. Je calcule le volume de la sphère du vide intérieur, en déterminant d'abord la longueur du diamètre intérieur. Pour cela, je retranche de 0,70 le double de l'épaisseur des parois ou 0,050 et j'obtiens 0,70 — 0,050 = 0,650. Le diamètre de la sphère intérieure étant 0,65, la surface de cette sphère sera 0,65 × 3,1416 × 0,65 = 1,327326. Pour avoir le volume, je multiplie 1,327326 par le rayon 0,325, je prends le tiers du résultat, et je trouve 0,143793 ou 143 décimètres cubes 793 centimètres cubes.

Faisant la différence des deux volumes 0,179585 et 0,143793, je trouve 0.035792 ou 35 décimètres cubes 792 centimètres cubes pour la quantité de fonte qui entre dans la bombe proposée.

Pour obtenir le poids de la bombe vide, je multiplie 0,035792 par le poids spécifique du fer fondu (fonte), et j'ai 0,035792 × 7,207 = 0,032463 ou 32 kilogrammes 463 grammes.

La bombe est remplie de poudre de guerre; je connais le volume de cette poudre ; il est égal à celui de la sphère intérieure ou à 0,143793, c'est-à-dire 143 décimètres cubes 793 centimètres cubes. Je multiplie 0,143793 par le poids spécifique de la poudre de guerre ou par 0,95, et je trouve 0,136603 ou 136 kilogr. 603 grammes.

Ajoutons 0,136603 à 0,032463, j'obtiens 0,169066 ou 169 kilogrammes 66 grammes pour le poids total de la bombe que l'on veut lancer.

11ᵉ **PROBLÈME.** — *Je veux faire tendre une étoffe sur les murs de mon cabinet de travail à Paris : Quelle sera la longueur de l'étoffe que j'ai choisie, sachant que cette étoffe a 1 mètre 5 de large, le contour de mon cabinet égalant 24 mètres, et sa hauteur 3 mètres.*

Solution. — J'évalue d'abord l'étendue superficielle de la surface que je veux faire recouvrir, sans tenir compte des portes et des fenêtres, car je désire employer de l'étoffe pour faire des portières et des rideaux; je multiplie donc 24,7 par 3,1, et je trouve 76,57 ou 76 mètres carrés 57 décimètres carrés.

Il faut donc que l'étoffe destinée à recouvrir la surface 76,57 ait une longueur x qui, multipliée par la largeur 1,5, donne pour résultat 76,57. Comme on le voit, je n'ai qu'une simple division à effectuer, c'est-à-dire que je dois diviser 76,57 par 1,5. Je trouve 51,04 ou 51 mètres 4 décimètres de long pour tendre mon cabinet avec l'étoffe dont il est question.

12ᵉ **PROBLÈME.** — *Pour une loterie de bienfaisance, on veut couler une magnifique statue en* *argent massif. L'orfèvre, voulant connaître avant l'opération, le poids d'argent pur qu'il lui faudra employer, s'adressa à un mathématicien qui lui conseilla de mesurer l'eau capable d'emplir le moule de la statue. On trouva que pour emplir ce moule, il fallait verser 11 litres 5 décilitres : Quel sera le poids de l'argent qu'il faudra employer?*

SOLUTION. — Le moule contenant 11 litres 5 décilitres, contient 11 décimètres cubes 500 centimètres cubes. Le poids spécifique de l'argent étant de 10,4743, je multiplie 10,4743 par 11,500, et je trouve 120,439 ou 120 kilogrammes 439 grammes pour le poids de l'argent que pèsera la statue.

13° PROBLÈME. — *Un entrepreneur s'est chargé de fournir la quantité de cailloux nécessaire pour la construction d'une route. On sait que ces cailloux sont placés de manière à former le front d'une pyramide tronquée à base quadrangulaire. Sachant que la base inférieure a 76 mètres 25 de long sur 41 mètres 50 de large, la base supérieure 72 mètres 30 de long sur 37 mètres 25 de large, enfin la hauteur 2 mètres 50, on demande le volume de ces cailloux.*

SOLUTION. — Voici le moyen que l'on emploie le plus ordinairement, si l'on ne veut pas faire usage du procédé à l'aide duquel on trouve le volume de la pyramide tronquée.

On fait la somme de la longueur de la base inférieure avec celle de la longueur de la base supérieure (76,25 + 72,30 = 148,55) ; on prend la moitié de 148,55, ce qui donne 74,27, ou 74 mètres 25 pour la longueur moyenne. On cherche la largeur moyenne en additionnant la largeur de la base inférieure avec celle de la base supérieure 41,50 + 37,25 = 78,75, dont je prends la moitié, ce qui donne 39,37 ou 39 mètres 37).

Enfin, on multiplie les trois dimensions 74,27 (longueur moyenne), 39,37 (largeur moyenne), 2,50 (hauteur), l'une par l'autre, et l'on trouve 74,27 × 39,37 × 2,50 = 7310,024750 ou 7310 mètres 24 décimètres cubes, 750 centimètres cubes pour la valeur proposée.

14ᵉ PROBLÈME. — *On veut métrer la quantité de pierres qui est entrée dans la construction d'un puits. Le diamètre intérieur de ce puits est de 1 mètre 25; la profondeur égale 23 mètres, et l'épaisseur de la maçonnerie est de 68 centimètres : Quel est le volume des matériaux de ce puits?*

SOLUTION. — Je considère la surface de l'épaisseur de la maçonnerie comme celle d'une couronne, et j'en calcule la surface en déterminant la longueur des deux circonférences (intérieure et extérieure); je trouve 3,927 pour la première, et 6,063 pour la seconde. Je fais la somme des deux longueurs 3,927 et 6,063, et je trouve 9,99, dont la moitié est 4,995. Je multiplie 4,995 par l'épaisseur 0,68, ce qui donne 3,3966 pour la surface de la couronne comprise entre les deux circonférences. En multipliant 3,3966 par la profondeur 23, j'obtiens 78,121 ou 78 mètres cubes 121 décimètres cubes pour le volume demandé.

Remarque. — En prenant la moitié de 9,99, j'ai trouvé une longueur moyenne entre celles des circonférences, et en multipliant par l'épaisseur 0,68, j'ai ramené le calcul à celui qui est relatif à un rectangle d'une base connue. (Ici la longueur moyenne est d'une hauteur connue 0,68). On aurait encore pu former la surface du plus grand cercle compris dans la plus grande circonférence, et celle du plus petit cercle compris dans la plus petite circonférence, pour retrancher la plus petite surface de la plus grande : le résultat aurait exprimé la surface de la couronne.

15e **PROBLÈME.** — *Quel est le poids d'un bloc de granit présentant un cylindre de 16 mètres de diamètre, terminé par deux hémisphères, et d'une longueur totale de 25 mètres ?*

Solution. — Je commence par considérer le cylindre situé entre les deux hémisphères. Comme le diamètre de ce cylindre est de 16 mètres, je retranche 16 (ou 2 fois le rayon 8 des demi-sphères) de la longueur 25 : j'obtiens 9, ou

9 mètres pour la longueur du cylindre compris entre les deux demi-sphères.

Je calcule d'abord le volume du cylindre. Le diamètre étant 16, la circonférence de la base égalera 50,2656 ou 50 mètres 2656. On obtient la surface de la base en multipliant 50,2656 par le quart du diamètre 16, ce qui donne 50,2656 × 4 = 201,0624 ou 201 mètres carrés 6 décimètres carrés 24 centimètres carrés.

Enfin, je multiplie 201,0624 par la hauteur 9, et je trouve 1809,5616 ou 1809 mètres cubes 562 décimètres cubes.

Le volume des deux demi-sphères équivaut au volume d'une sphère de 16 mètres de diamètre. Je multiplie 16 par 3,1416; je trouve 50,2656 pour la longueur du cercle. Je multiplie 50,2656 par 16 et j'obtiens 804,2496 ou 804 mètres carrés 24 décimètres carrés 96 centimètres carrés pour la surface de cette sphère.

Enfin, en multipliant 804,2496 par le sixième du diamètre 16 ou par le tiers du rayon 8 je trouve 2144,6656 ou 2144 mètres cubes 666 décimètres cubes pour le volume de la sphère.

Faisant la somme du volume du cylindre avec celui de la sphère ou 1809,562 + 2144,666, j'obtiens 3954,228 ou 3954 mètres cubes 228 décimètres cubes.

Maintenant, j'obtiendrai le poids du bloc en multipliant 3954,228 par le poids spécifique du granit ou 3954,228 × 2,9 : j'obtiens 11467 kilogrammes 261 grammes.

4°. Expressions usitées en Géométrie avec les étymologies tirées du grec et du latin.

Acutangle. — Du latin *acutus*, pointu, tiré de *acus*, aiguille, et de *angulus*, angle. Terme employé pour exprimer qu'une figure géométrique a tous ses angles aigus.

Adjacent. — Du latin *adjacens;* de *ad*, auprès, et *jacens*, couché. Une ligne est adjacente à deux angles, quand elle forme à ses extrémités un des côtés de ces angles.

Aigu. — Du latin *acutus*, pointu; venant du grec *akis*, pointe. Un angle aigu est moindre qu'un angle droit.

Aire. — Du latin *area*, plancher ou terrain uni sur lequel on bat le grain. Ce mot est synonyme de *surface*.

Altimétrie. — Du latin *altus*, haut, et du grec *métron*, mesure. C'est la partie de la géométrie pratique qui traite de la mesure des hauteurs.

Amblygone. — Du grec *amblus*, obtus, et de *gônia*, angle. Se dit d'une figure géométrique qui a un angle obtus; on emploie le plus souvent le mot *abtusangle*.

Angle. — Du latin *angulus*, dérivé du mot grec *ankulos*, crochu. C'est l'espace compris entre deux lignes qui se rencontrent.

Apothème. — Du grec *apo*, loin, et de *tithêmi*, placer. C'est une ligne perpendiculaire abaissée du centre d'un polygone régulier, sur le milieu de l'un de ses côtés.

Axe. — Du latin *axis* ou du grec *axôn*, essieu, pivot. C'est une ligne qui passe par le centre d'une figure.

Axiome. — Du grec *axiôma*, décision, proposition évidente. Ce mot grec signifie littéralement *dignité*, *autorité*, *majesté*; il est formé du grec *axios*, digne, estimable. Se dit d'une proposition digne d'être admise sans démonstration.

Base. — Du grec *basis*, de *bainô*, marcher, être appuyé. Le nom de *base* est donné au côté d'un polygone sur lequel il est censé se tenir debout ou appuyé.

Centre. — Du grec *kentron*, point; il est dérivé de *kentéô*, *piquer*. C'est le point situé au milieu d'une figure quelconque.

Cercle. — Du latin *circulus*, diminutif de *circus*, tiré du grec *kirkos*, tour, cercle. Le cercle est une figure limitée par une ligne courbe fermée, dont tous les autres points sont également éloignés d'un point particulier nommé centre; cette ligne se nomme circonférence.

Circonférence. — Du latin *circum*, autour, *ferens*, qui porte, ou de *ferre*, porter. C'est la ligne qui contient le cercle : d'où l'on voit que le cercle est la surface enveloppée, et la circonférence la ligne qui enveloppe, qui borne le cercle.

CIRCONSCRIT. — Du latin *circum*, autour, *scriptus*, écrit, tracé, ou de *scribere*, écrire. On dit qu'une figure est circonscrite à une autre, lorsqu'elle entoure cette autre en la touchant par un certain nombre de points.

COMMENSURABLE. — Du latin *cum*, avec, et de *mensura*, mesure. Cette expression s'emploie à l'égard des quantités qui ont ou qui peuvent avoir entre elles une commune mesure.

CONE. — Du grec *kônos*, pyramide ronde. Un cône est un solide, dont la base est un cercle, et dont le sommet se termine en pointe.

CONOÏDE. — Du grec *kônos*, cône, et de *éidos*, forme. C'est un solide qui a la forme d'un cône ayant une ellipse ou une autre courbe pour base.

CONTACT. — Du latin *contactus*, de *cum*, avec, et *tactus*, attouchement, venant de *tangere*, toucher. L'endroit où deux figures se touchent.

COTÉ. — Du latin *costa*, côte. On donne le nom de côté à chacune des lignes qui forment le contour d'une figure.

CYCLOÏDE. — Du grec *kuklos*, cercle, et de *éidos*, figure. On donne le nom de *cycloïde* à la figure qui approche plus ou moins de celle du cercle.

CYLINDRE. — Du grec *kulindô*, je roule. C'est une figure géométrique qui a la forme d'un rouleau.

Décagone. — Du grec *déka*, dix, et de *gônia*, angle. Figure géométrique de 10 angles.

Diagonale. — Du grec *dia*, à travers, *gônia*, angle. C'est une ligne droite qui traverse une figure en passant par les angles.

Diamètre. — Du grec *dia*, à travers, et de *métron*, mesure. Le diamètre est une ligne droite qui, en passant par le centre d'un cercle, aboutit à deux points de la circonférence.

Dièdre. — Du grec *dis*, deux fois, et de *hédra*, base. Un angle dièdre est celui qui est formé par deux plans qui se coupent.

Dodécaèdre. — Du grec *dôdéka*, douze, et de *hédra*, base. Le dodécaèdre est un solide qui a douze faces égales, présentant chacune la forme d'un pentagone régulier.

Dodécagone. — Du grec *dodéka*, douze, et de *gônia*, angle. Le dodécagone est un polygone régulier qui a douze angles et douze côtés égaux.

Ellipse. — Du grec *elléipsis*, défaut ; dérivé de *leipô*, manquer, être moindre. On donne le nom d'ellipse à une ligne courbe fermée, plus ou moins allongée.

Ennéagone. — Du grec *ennéa*, neuf, et de *gônia*, angle. Figure ou polygone de sept angles et sept côtés.

Equiangle. — Du latin *æquus*, égal, et de *angulus*, angle. Un polygone équiangle est une figure géométrique qui a ses angles égaux.

Equidistant. — Du latin *æquus*, égal, et de *distans*, éloigné de. C'est-à-dire qui sont à égale distance de deux objets.

Equilatéral. — *Æquus*, égal, et de *latus*, côté. Polygone dont tous les côtés sont égaux.

Equivalent. — Du latin *æquus*, égal, et de *valens*, valant. C'est-à-dire qui vaut autant.

Géodésie. — Du grec *gê*, terre, et de *daiô*, diviser. C'est la partie de la géométrie qui traite de la division des terres.

Géométrie. — Du grec *gê*, et de *metron*, mesure, d'où vient *métréô*, mesurer. C'est la partie des mathématiques qui traite de la mesure et des propriétés de l'étendue.

Heptagone. — Du grec *hepta*, sept, et de *gônia*, angle. Figure ou polygone de sept angles et sept côtés.

Hexaèdre. — Du grec *hex*, six, et de *hédra*, siége, base. Corps géométrique, nommé le plus souvent cube, qui a six faces carrées égales.

Hexagone. — Du grec *hex*, six, et de *gônia*, angle. Polygone qui a six angles et six côtés.

Homologue. — Du grec *homos*, semblable, et de *logos*, raison, rapport. Ce sont les côtes qui, dans les figures semblables, se correspondent et sont opposés à des angles égaux.

Hypoténuse. — Du grec *hupo*, sous, et de *teinô*, tendre. On nomme hypoténuse le côté qui, dans un triangle rectangle, correspond à l'angle droit.

HYPOTHÈSE. — Du grec *hupo*, sous, et de *thésis*, position. On nomme hypothèse la supposition d'une chose possible ou impossible, et de laquelle on tire une conséquence.

ICOSAÈDRE. — Du grec *éikosi*, vingt, et de *hédra*, siége, base. C'est un solide qui a vingt bases.

INCOMMENSURABLE. — Du latin *in* (négation), *cum*, avec, et de *mensura*, mesure. Cette expression s'applique aux quantités qui n'ont pas de mesure commune.

INSCRIT. — Du latin *in*, dans, et de *scriptus*, écrit. Une figure est inscrite à une autre, lorsqu'elle est tracée dans l'intérieur de cette autre en la touchant par certains points.

INTERCEPTER. — Du latin *inter*, entre, et de *capere*, prendre. Une figure en intercepte une autre lorsqu'elle comprend cette autre.

INTERSECTION. — Du latin *inter*, entre, et de *sectio* du verbe *secare*, couper. On emploie cette expression lorsqu'il s'agit de figures qui se coupent réciproquement.

ISOCÈLE. — Du grec *isos*, égal, et de *skélos*, jambe. On emploie cette expression pour désigner les triangles qui ont deux côtés égaux, car ces côtés sont comme deux jambes qui soutiennent le triangle isocèle.

ISOPÉRIMÈTRE. — Du grec *isos*, égal, et de *périmétron*, contour, circuit; ce dernier mot est formé lui-même de *péri*, autour, et de *métron*, mesure. Cette expression s'emploie pour désigner les figures dont les contours sont égaux.

Losange. — Du grec *loxos*, oblique, et du latin *angulus*, angle. On désigne par losange une figure de quatre côtés égaux placés obliquement l'un sur l'autre en formant deux angles égaux obtus et deux angles égaux aigus.

Mathématiques. — Du grec *mathêma*, science, venant de *manthanô*, apprendre. On nomme mathématiques la science par excellence parce que cette science tient le premier rang parmi les connaissances humaines.

Obtus. — Du latin *obtusus*, émoussé. On nomme angle obtus tout angle plus grand qu'un droit.

Octaèdre. — Du grec *oktô*, huit, et de *hédra*, siège, base. L'octaèdre est une figure qui a huit faces égales.

Octogone. — Du grec *okto*, huit, et de *gônia*, angle. Un octogone est une figure qui a huit angles.

Parallèle. — Du grec *parallêlos*, de *para*, le long de, et de *allêlos*, l'un l'autre. On nomme lignes parallèles des lignes qui conservent toujours entre elles le même écartement.

Parallélipipède. — Du grec *parallêlos*, parallèle, *épi*, sur, et de *pédion*, plaine. Cette expression s'emploie pour désigner un solide de plusieurs faces parallèles.

Parallélogramme. — Du grec *parallêlos*, parallèle, et de *grammê*, ligne. Le parallélogramme est une figure de quatre côtés égaux et parallèles deux à deux.

Pentaèdre. — Du grec *penté*, cinq, et de *hédra*, base. On nomme pentaèdre le solide terminé par cinq faces.

Pentagone. — Du grec *penté*, cinq, et de *gônia*, angle. Le pentagone est une figure qui a cinq angles.

Pentédécagone. — Du grec *penté*, cinq, de *déka*, dix, et *gônia*, angle. Le pentédécagone est une figure de quinze côtés.

Périmètre. — Du grec *péri*, autour, et *métron*, mesure. Le périmètre est une ligne qui mesure le contour des figures.

Perpendiculaire. — Du latin *perpendicularis*, de *per*, à travers, et de *pendens*, qui pend. Une ligne perpendiculaire à une autre est celle qui, en tombant sur cette autre, ne penche ni à sa droite ni à sa gauche.

Plan. — Du latin *planus*, plat, uni ; ce mot vient de *planities*, une plaine. On nomme plan toute surface sur laquelle on peut supposer une ligne droite capable de la toucher par tous ses points.

Polyèdre. — Du grec *polus*, plusieurs, et de *hédra*, base. Le polyèdre est un solide terminé par plusieurs bases ou faces.

Polygone. — Du grec *polus*, plusieurs, et de *gônia*, angle. On nomme polygone la figure qui a plusieurs angles et plusieurs côtés.

Prisme. — Du grec *prisma*, venant de *prizô*, scier, couper. C'est un solide terminé de tous les côtés par des parallélogrammes.

Problème. — Du grec *problêma*, proposition ; ce mot vient de *proballô*, proposer, et ce dernier a pour racine *ballô*, jeter. En général le mot problème signifie proposition dont on peut soutenir le pour et le contre, ou susceptible de plusieurs solutions.

Proportionnel. — Du latin *proportio*, signifiant littéralement *partie pour, partie*. Quatre figures sont proportionnelles quand, entre la première et la seconde, il existe le même rapport qu'entre la troisième et la quatrième.

Puissance. — Du latin *potentia*, signifiant la même chose. On nomme puissance le produit d'une quantité plusieurs fois par elle-même.

Pyramide. — Du grec *puramis*, formé de *pur*, feu. Une pyramide est un corps qui se termine en pointe comme le feu.

Pyramidoïde. — Du grec *puramis*, pyramide, et de *eïdos*, forme. La pyramidoïde est un solide formé par la révolution d'une parabole autour d'une de ses ordonnées.

Quadrilatère. — Du latin *quatuor*, quatre, et

de *latus*, côtés. Le quadrilatère est un solide de quatre côtés.

RAYON. — Du latin *radius*, venant du grec *rhabdos*, petit bâton. On donne le nom de rayon aux lignes droites qui, dans le cercle, part du centre pour aboutir à un point de la circonférence. Cette ligne ressemble aux bâtons ou rais d'une roue.

RECTANGLE. — Du latin *rectus*, droit, et de *angulus*, angle. Le rectangle est un parallélogramme dont les quatre angles sont droits.

SCALÈNE. — Du grec *skalênos*, boiteux, venant de *skazô*, je boite. On donne ce nom à un triangle dont les trois côtés sont inégaux.

SÉCANTE. — Du latin *secans*, coupant, venant de *secare*, couper. La sécante est une ligne droite qui en coupe d'autres.

SPHÈRE. — Du grec *sphaira*, sphère, globe. La sphère est un solide dont tous les points sont à égale distance du centre.

SURFACE. — Du latin *super*, sur, et de *facies*, face. On nomme surface ce qui réunit les deux dimensions longueur et largeur.

SYMÉTRIE. — Du grec *sun*, avec, et de *métron*, mesure. La symétrie des figures est le rapport de grandeur et de figure que les parties d'un corps ont entre elles et avec leur tout.

TANGENTE. — Du latin *tangens*, qui touche, venant de *tangere*, toucher. Une tangente est une ligne qui ne touche la circonférence qu'en un point.

TÉTRAÈDRE. — Du grec *tettara*, quatre, et de *hédra*, siége, base. On nomme tétraèdre un solide terminé par quatre bases ou quatre faces.

THÉORÈME. — Du grec *théôrêma*, signifiant ce que l'on considère, ce que l'on contemple; Ce mot est dérivé de *théoros*, contemplateur.

TRAPÈZE. — Du grec *tétras*, quatre, et de *péza*, pied. On nomme trapèze la figure qui a quatre côtés dont deux sont parallèles.

TRIANGLE. — Du grec *treis*, trois, et du latin *angulus*, angle. Le triangle est une figure qui a trois côtés et trois angles.

TRIÈDRE. — Du grec *treis*, trois, et de *hédra*, base, plan. On nomme trièdre l'angle formé par trois plans.

VOLUME. — Du latin *volumen*, venant de *volvere*, rouler. Le volume d'un corps est l'espace occupé par ce corps.

ZONE. — Du grec *zônê*, ceinture. La zône est la partie de la surface de la sphère comprise entre deux cercles parallèles.

FIN.

TABLE

DES PRINCIPAUX ARTICLES CONTENUS DANS CET OUVRAGE.

CHAPITRE IV.

Division des Lignes.

CHAPITRE V.

De la Circonférence.

CHAPITRE VI.

De l'Ovale. — De l'Ellipse. — De la Spirale.

CHAPITRE VII.

Des Lignes proportionnelles.

CHAPITRE VIII.

DEUXIÈME PARTIE.

CHAPITRE IX.

Des Angles et des Surfaces.

CHAPITRE X.

TROISIÈME PARTIE.

CHAPITRE XI.

CHAPITRE XII.

SUPPLÉMENT.

Amiens. Typographie de CARON et LAMBERT.

OUVRAGES

QUI SE TROUVENT A LA MÊME LIBRAIRIE.

GRAMMAIRE FRANÇAISE DE LHOMOND, enrichie de Règles nouvelles et de Notes explicatives, par un ancien maître de pension, revue par Son Pauchet (*édition recommandée*). — L'exemplaire cartonné, 40 c.; — par la poste, 50 c.

Les additions et les améliorations que l'on a faites à cette Grammaire, la mettent en rapport avec celles plus étendues dont on se sert dans les écoles, et en rendent l'étude suffisante aux enfants qui ne doivent recevoir qu'une instruction élémentaire.

EXERCICES ORTHOGRAPHIQUES, gradués et calqués, par ordre de numéros, sur la nouvelle édition de la Grammaire Française, suivis d'exercices nouveaux sur les Homonymes, et d'un Traité d'analyse grammaticale et d'analyse logique ; par le même. — L'exemplaire cartonné, 40 c.; — par la poste, 50 c.

CORRIGÉ des Exercices Orthographiques à l'usage des Maîtres; par le même. — L'exemplaire cartonné, 75 c.; — par la poste, 85 c.

COURS DE GRAMMAIRE FRANÇAISE, d'après Lhomond et l'Académie, avec de nombreux modèles d'analyse, un Questionnaire, etc., à l'usage des écoles primaires; par le même. —

Un beau volume in-12, cartonné, 1 fr. 25 c. — Par la poste, 1 fr. 50 c.

GYMNASE GRAMMATICAL ou Exercices français gradués, à l'usage des Élèves des Écoles primaires, adaptés à toutes les Grammaires élémentaires, avec des Exercices de composition et des dictées analytiques intercalées dans le texte. Par C. BRACQUART-LEMAIRE, instituteur communal à Créquy (Pas-de-Calais). — Un vol. in-12. — Prix cartonné, 60 c.; — par la poste, 75 c.

ARITHMÉTIQUE des COMMENÇANTS ou Abrégé facile d'Arithmétique, par demandes et par réponses, avec 600 Problèmes gradués, pour servir d'introduction au *Petit Cours d'Arithmétique élémentaire* en 52 leçons, etc., par Sen PAUCHET. — Un volume in-18, cartonné, 60 c.; — par la poste, 70 c.

LIVRET DES RÉPONSES aux 600 Problèmes de l'**Arithmétique des Commençants**; par le même. — Brochure in-18, 25 c.; — par la poste, 30 c.

PETIT COURS D'ARITHMÉTIQUE ÉLÉMENTAIRE en 52 Leçons, contenant 1200 Exercices et Problèmes, gradués et variés sur toutes les opérations ordinaires du calcul, et principalement sur le Système métrique. Ouvrage à la portée des enfants et des plus faibles intelligences; nouvelle édition, revue avec le plus grand soin, et considérablement augmentée; par le même. — Un volume in-18, cartonné, 1 fr.; — par la poste, 1 fr. 20 c.

TRAITÉ D'ARITHMÉTIQUE DÉCIMALE PRATIQUE ET RAISONNÉE, divisé en cinq parties : 1° NOMBRES ENTIERS ; — 2° NOMBRES DÉCIMAUX ; — 3° SYSTÈME MÉTRIQUE ; — 4° FRACTIONS ORDINAIRES ; — 5° OPÉRATIONS PRATIQUES ; — contenant de nombreux Questionnaires et plus de 1200 Problèmes gradués, à l'usage des Écoles primaires, par L. BONVALLET, inspecteur de l'Instruction primaire, officier d'Académie ; ouvrage autorisé par le Conseil académique de Douai et couronné à la Sorbonne par la Société pour l'Instruction élémentaire. (*Dixième édition.*) — Un gros volume grand in-18. — Prix cartonné, 1 fr. 50 c.; — par la poste, 1 fr. 80 c.

SOLUTIONS RAISONNÉES des Problèmes contenus dans l'Arithmétique décimale ; — Ouvrage du même auteur. — Un volume grand in-18. — Prix cartonné, 2 fr.; — par la poste, 2 fr. 20.

SOLUTIONS DES PROBLÈMES de **l'Arithmétique pratique et raisonnée**, suivies d'un traité sur la RACINE CARRÉE et la RACINE CUBIQUE, ouvrage du même auteur. — L'exemplaire, 50 c.; — par la poste, 60 c.

TRAITÉ ÉLÉMENTAIRE DE MUSIQUE, à l'usage des Aspirants au brevet de capacité, des écoles normales et des écoles primaires, rédigé d'après le programme de l'Université, pour les examens du chant et d'après la méthode de B. Willem ; par M. C.-F. DELLIEUX, instituteur à Airaines. — Brochure in-12. — L'exemplaire, 1 fr.; — par la poste, 1 fr. 10 c.

TRAITÉ COMPLET D'ARPENTAGE élémentaire, théorique et pratique, comprenant des notions sur la formation du carré et du cube des nombres; — sur l'extraction des racines carrée et cubique, sur les rapports et les proportions et sur leur utilité en géométrie; — un exposé des principes de la Géométrie plane; — l'Arpentage proprement dit; — la Géodésie ou division des terrains. — Les opérations d'arpentage et de géodésie sont appuyées de démonstrations théoriques basées sur les principes de Géométrie qui ont été exposés d'abord; — le levé, le rapport, la copie, la réduction et l'amplification des Plans; — la législation relative à l'arpentage; des notions sur les actes en général et de nombreuses formules d'actes relatifs au ministère de l'arpenteur; — la Solidométrie ou Cubature des solides, — des notions complètes de Nivellement; — les Méthodes de calcul des Déblais et des Remblais; — Et enfin un nombre considérable de Problèmes gradués, immédiatement suivis de leurs solutions raisonnées; — Ouvrage orné de planches. — Utile aux Arpenteurs, aux Instituteurs, aux Élèves des Écoles, aux Aspirants aux emplois de Conducteurs des Ponts et Chaussées et d'Agent-Voyer, aux Propriétaires, aux Fermiers et à toutes les personnes qui, par devoir, par intérêt ou par dévouement s'occupent d'Agriculture; par J.-R. Picot, Agent-Voyer du département de la Somme. — Prix broché, 3 fr. 50 c.; — par la poste, 4 fr.

Amiens. Typ. Lambert-Caron.

www.ingramcontent.com/pod-product-compliance
Lightning Source LLC
LaVergne TN
LVHW012113170826
845678LV00001BA/78

* 9 7 8 2 3 2 9 7 7 2 8 1 3 *